PLANÈTE DE VIRUS

CARL ZIMMER

PLANÈTE DE VIRUS

Traduit de l'anglais (États-Unis)
par Karim Madjer et Alan Vonlanthen,

Big Bang Science

Belin:

8, rue Férou – 75278 Paris Cedex 06
www.editions-belin.com

Traduit de l'anglais (États-Unis)
par Karim Madjer et Alan Vonlanthen,

Big Bang Science
expand your universe

Conception couverture : offparis.fr
Photographies de la couverture : virus © Michael Taylor 3D (Turbosquid, Inc.) et Terre © Nasa.

A PLANET OF VIRUSES : Second Edition, par Carl Zimmer
Licensed by The University of Chicago Press, Chicago, Illinois, U.S.A. in conjunction with their duly appointed Agent L'Autre agence. ISBN 978-2-7011-9767-8

Préface

Les virus sèment le chaos et menacent le bien-être de l'humanité, affectant la vie de près d'un milliard de personnes. Ils ont également joué un rôle majeur dans les remarquables avancées de la biologie au XXe siècle. Le virus de la variole était le plus grand tueur de l'humanité, et pourtant, il fait aujourd'hui partie des quelques maladies éradiquées de la surface du globe. De nouveaux virus, comme le VIH, continuent cependant de nous défier et de nous menacer.

Bien qu'ils soient invisibles, les virus jouent un rôle actif dans l'écologie de la Terre. Ils font passer de l'ADN d'une espèce à l'autre, permettent l'évolution du patrimoine génétique et régulent de vastes populations d'organismes. Toutes les espèces, des minuscules microbes aux plus gros mammifères, sont influencées par les actions des virus. Au-delà même de leur impact sur les espèces, ils affectent le climat, le sol, les océans et l'eau douce. Si l'on considère à quel point chaque animal, plante et microbe a été façonné par l'évolution, on ne peut ignorer le rôle important qu'ont joué ces organismes minuscules mais puissants avec qui nous partageons cette planète.

Après la première publication originale du présent ouvrage, *Planète de virus*, en 2011, les virus ont continué de tous nous surprendre. Le virus Ebola, jadis cantonné à des régions reculées d'Afrique où il faisait de rares apparitions, a explosé en épidémies massives dans de grandes villes comme Freetown et Conakry et, pour la première fois, il a atteint d'autres continents. De nouveaux virus, comme le coronavirus du syndrome respiratoire du Moyen-Orient (MERS-CoV), sont passés des animaux aux humains. Mais les scientifiques ont aussi découvert de nouvelles manières d'exploiter l'incroyable diversité des virus pour notre bénéfice. Carl Zimmer a exploré chacune de ces évolutions pour mettre au point cette seconde édition de *Planète de virus*.

Ces essais ont initialement été écrits pour le projet *World of Viruses* dans le cadre du prix *Science Education Partnership Award (SEPA)* du Centre national pour les ressources de la recherche *(National Center for Research Resources, NCRR)* des Instituts nationaux de la santé *(National Institutes of Health, NIH)*. Le projet *World of Viruses* a été créé dans le but de promouvoir une meilleure compréhension des virus et de la recherche en virologie à travers des documentaires radiophoniques, des narrations graphiques, la formation des enseignants, des applications mobiles et iPad, et d'autres ressources. Pour de plus amples informations, visitez le site http://worldofviruses.unl.edu.

Dr JUDY DIAMOND
Professeur et Conservatrice, Musée d'État de l'Université du Nebraska
Directrice du World of Viruses Project

Dr CHARLES WOOD
Professeur de Sciences de la Vie et de Biochimie, Université du Nebraska
Directeur du Centre de Virologie du Nebraska

AVANT-PROPOS

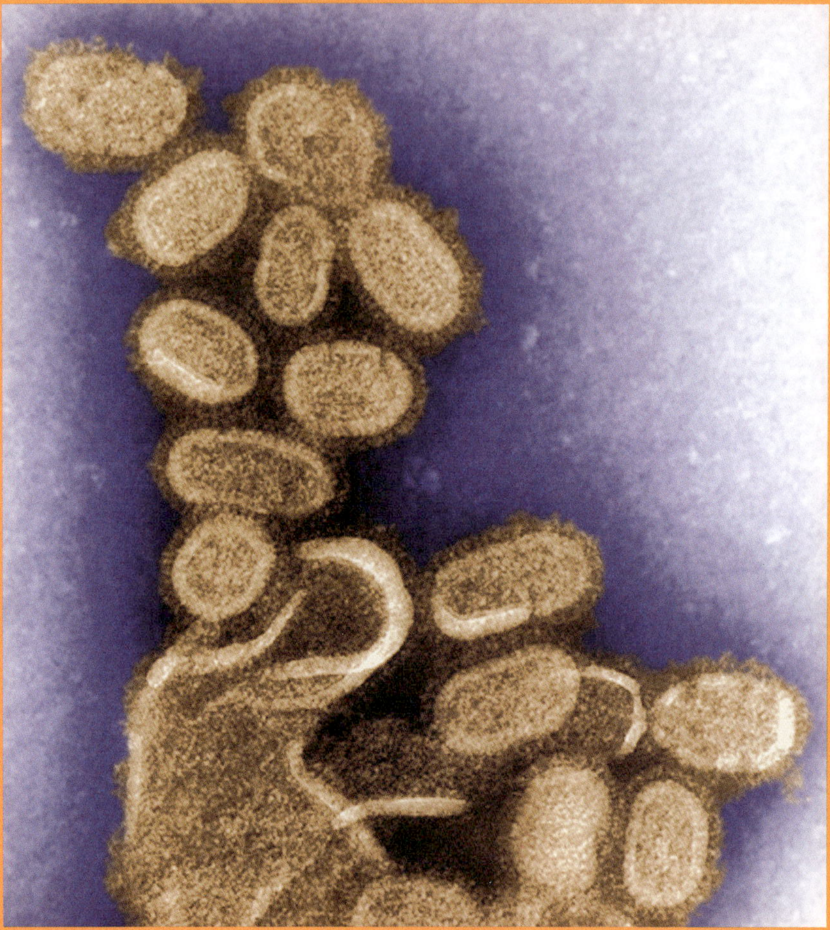

Le virus de la mosaïque du tabac, qui contamine des plantes sur toute la planète

« Un fluide vivant contagieux »

Le virus de la mosaïque du tabac et la découverte de la virosphère

Les montagnes arides de la Sierra de Naïca s'étendent à quatre-vingts kilomètres au sud-est de la ville de Chihuahua, au Mexique. En 2000, des mineurs s'engouffrèrent dans un réseau de grottes sous ces montagnes désolées. À trois cents mètres de profondeur, ils débouchèrent dans un lieu semblant appartenir à un autre monde. Ils se tenaient dans une salle d'une dizaine de mètres de large et de vingt-sept mètres de long. Le plafond, les murs et le sol étaient couverts de cristaux de gypse lisses et translucides. Beaucoup de grottes contiennent des cristaux, mais pas comme ceux de Naïca. Les cristaux y atteignent onze mètres de long et pèsent jusqu'à cinquante-cinq tonnes. Des cristaux de ce genre, on ne les porte pas autour du cou. On les escalade.

Depuis sa découverte, seuls quelques scientifiques ont été autorisés à explorer cette salle extraordinaire, connue sous le nom de grotte des Cristaux. Juan Manuel García-Ruiz, géologue à l'université de Grenade, fut l'un d'eux. Ses recherches lui permirent de déterminer l'âge des cristaux. Ils se formèrent il y a 26 millions d'années, quand l'activité volcanique commença à façonner la Sierra de Naïca. Des poches souterraines se créèrent et se remplirent d'eau chaude, chargée en minéraux. La chaleur du magma maintint l'eau à 57,7 °C, la température parfaite pour la germination et la croissance des cristaux. Curieusement, l'eau conserva cette température idéale durant des centaines de milliers d'années, permettant aux cristaux d'atteindre des tailles surréalistes.

En 2009, un autre scientifique, Curtis Suttle, visita la grotte des Cristaux. Suttle et ses collègues prélevèrent de l'eau dans le bassin de la salle et la rapportèrent dans leur laboratoire de l'Université de la Colombie-Britannique pour l'analyser. Quand on sait dans quel domaine travaille ce chercheur, on peut se demander s'il n'était pas tombé sur la tête. Suttle n'a aucun intérêt professionnel pour les cristaux, les minéraux, ou quelque roche que ce soit d'ailleurs. Il étudie les virus.

Dans la grotte des Cristaux, les virus ne peuvent infecter personne. Il n'y a même pas de poissons. La grotte a été hermétiquement coupée du reste du monde vivant pendant des millions d'années. Pourtant, le voyage de Suttle se révéla utile. Après avoir préparé ses échantillons d'eau cristalline, il les contempla au microscope. Il vit des virus. Des myriades de virus. Chaque goutte d'eau de la grotte des Cristaux ne contenait pas moins de 200 millions de virus.

La même année, une autre scientifique du nom de Dana Willner mena sa propre expédition de chasse aux virus. Au lieu d'explorer une grotte, elle se plongea dans le corps humain. Willner fit expectorer des gens dans un récipient, puis, avec ses collègues, partit à la pêche aux fragments d'ADN. Ils les comparèrent aux millions de séquences enregistrées dans leur base de données. Une grande proportion était de l'ADN humain, mais de nombreux fragments provenaient de virus. Avant l'expédition de Willner, les scientifiques partaient du principe que les poumons de patients sains étaient stériles. Pourtant, Willner découvrit que les gens ont en moyenne 174 espèces de virus vivant dans leurs poumons. Seulement 10 % des espèces de virus découvertes par Willner ressemblaient vaguement à des espèces déjà connues. Les 90 % restants étaient tout aussi étranges que les virus tapis dans la grotte des Cristaux.

Où que les scientifiques regardent – dans les profondeurs de la Terre, sur des grains de sable arrachés au désert du Sahara, dans des lacs cachés un kilomètre et demi sous la glace de l'Antarctique – ils découvrent des virus plus rapidement qu'ils ne peuvent les comprendre. Et la virologie est encore une science jeune. Pendant des milliers d'années, nous ne connaissions les virus qu'à travers leurs effets : la maladie et la mort. Jusqu'à récemment, nous ne savions même pas comment relier ces effets à leur cause.

Le terme même de virus naquit d'une contradiction. Il nous vient de l'Empire romain, où il désignait à la fois le sperme humain et le venin du serpent. La création et la destruction dans un même mot.

Quelques siècles plus tard, le mot virus prit un autre sens : il désignait désormais n'importe quelle substance capable de propager des maladies. Il pouvait s'agir d'un liquide, comme le suintement d'une plaie. Il pouvait s'agir d'une substance qui voyageait mystérieusement dans l'air, ou qui pouvait même imprégner un bout de papier, propageant la maladie au moindre contact.

Ce n'est qu'à la fin des années 1800 que le mot virus commença à prendre son sens moderne, grâce à une catastrophe agricole. Aux Pays-Bas, les plantations de tabac furent décimées par une maladie qui rendait les plants chétifs et transformait leurs feuilles en une mosaïque de tissus morts et vivants. Des exploitations entières durent être abandonnées.

En 1879, des fermiers néerlandais consultèrent Adolph Mayer, un jeune chimiste agricole, pour obtenir son aide. Mayer étudia attentivement le fléau, qu'il baptisa « maladie de la mosaïque du tabac ». Il examina l'environnement des plantes : le terrain, la température, l'ensoleillement. Il ne trouva rien qui distinguât les plantes saines des plantes malades. Peut-être, pensa-t-il, les plantes souffraient-elles d'une infection invisible ? Les botanistes avaient déjà démontré que des champignons pouvaient infecter les pommes de terre et d'autres plantes, alors Mayer chercha des champignons sur les plants de tabac. Il n'en trouva aucun. Il chercha à savoir si des vers parasites infectaient peut-être les feuilles. Rien.

Finalement, Mayer entreprit d'extraire de la sève de plantes de tabac malades et en injecta quelques gouttes dans des plantes saines. Les plantes saines tombèrent malades. Mayer comprit qu'un agent pathogène microscopique devait se multiplier à l'intérieur des plantes. Il prit de la sève de plantes malades et l'incuba dans son laboratoire. Des colonies de bactéries commencèrent à se former. Elles se développèrent suffisamment pour qu'on pût les voir à l'œil nu. Mayer exposa des plantes saines à ces bactéries, se demandant si elles développeraient la maladie de la mosaïque du tabac. Il n'en fut rien. Et sur cet échec, les recherches de Mayer prirent fin. Le monde des virus n'avait pas livré ses secrets.

Quelques années plus tard, un autre scientifique néerlandais du nom de Martinus Beijerinck reprit les recherches où Mayer les avait laissées. Il se demanda si la maladie de la mosaïque du tabac pouvait être causée par autre chose que des bactéries. Quelque chose de bien plus petit. Il broya des plantes malades et passa le fluide dans un filtre assez fin pour ne laisser passer ni les cellules végétales ni les bactéries. Lorsqu'il injecta le liquide purifié dans des plantes saines, elles tombèrent malades.

Beijerinck filtra la sève des plantes nouvellement infectées et constata qu'il pouvait toujours infecter de nouvelles plantes. Quelque chose dans la sève des plantes infectées – quelque chose de plus petit que des bactéries – pouvait se répliquer et répandre la maladie. En 1898, Beijerinck nomma cela un « fluide vivant contagieux ».

Quel que soit l'agent véhiculé par ce fluide vivant contagieux, sa nature était différente de toutes les formes de vie connues des biologistes. Il était non seulement incroyablement petit, mais aussi remarquablement résistant. Beijerinck pouvait ajouter de l'alcool au liquide ou le porter à la limite de l'ébullition, il restait tout de même contagieux. Beijerinck trempa du papier-filtre dans la sève contagieuse et le laissa sécher. Trois mois plus tard, il plongea le papier dans de l'eau et put de nouveau utiliser la solution pour infecter des plantes.

Beijerinck utilisa le mot *virus* pour décrire l'agent mystérieux de son fluide vivant contagieux. C'était la première fois qu'on l'utilisait dans son sens moderne. Mais, d'une certaine manière, Beijerinck s'en servit pour définir les virus par ce qu'ils n'étaient pas. Il ne s'agissait ni d'animaux, ni de plantes, ni de champignons, ni de bactéries. Ce que c'était exactement, Beijerinck ne sut le dire.

Il devint vite clair que Beijerinck n'avait découvert qu'un type de virus parmi tant d'autres. Au début des années 1900, d'autres scientifiques utilisèrent la même méthode de filtres et d'infections pour faire le lien entre d'autres virus et maladies. Ils finirent par apprendre comment cultiver certains virus hors de leurs hôtes vivants – animaux ou plantes – en utilisant uniquement des colonies de cellules cultivées dans des boîtes ou des fioles.

Toutefois, ces scientifiques n'arrivaient toujours pas à s'accorder sur la véritable nature des virus. Pour certains, il s'agissait de simples composés chimiques. Pour d'autres, les virus étaient des parasites qui se développaient à l'intérieur des cellules. La confusion était telle que les scientifiques n'arrivaient même pas à décider si les virus étaient vivants ou non. En 1923, le virologue britannique Frederick Twort déclara : « *Il est impossible de définir leur nature.* »

Cette confusion commença à se dissiper avec les travaux d'un chimiste nommé Wendell Stanley. Dans les années 1920, alors qu'il était étudiant en chimie, Stanley apprit comment combiner des molécules en motifs répétitifs, pour former des cristaux. Ceux-ci pouvaient en effet révéler les secrets de la matière. On pouvait par exemple bombarder les cristaux aux rayons X et observer dans quelles directions le rayonnement était réfléchi. Les motifs produits par les rayons X fournissaient des indices sur les molécules constituant les cristaux.

Au début des années 1900, ce sont les cristaux qui permirent de résoudre l'une des plus grandes énigmes de la biologie : la composition des enzymes. Les scientifiques savaient depuis longtemps que les enzymes sont produites par les animaux et par d'autres organismes vivants pour accomplir différentes tâches, comme décomposer la nourriture. En créant des cristaux d'enzymes, ils découvrirent qu'elles étaient faites de protéines. Stanley se demanda si les virus étaient eux aussi faits de protéines.

Pour le savoir, Stanley commença par essayer de créer des cristaux à partir de virus. Pour sa tentative, il choisit une espèce familière : le virus de la mosaïque du tabac. Il récolta le jus de plants de tabac infectés puis le passa à travers des filtres fins, comme Beijerinck quatre décennies plus tôt. Pour permettre aux virus de cristalliser sans impuretés, il essaya d'isoler les protéines en retirant tous les autres types de composés.

Après qu'il eut préparé son mélange purifié, Stanley observa de minuscules aiguilles s'y former. Elles se développaient en formant des feuillets opalescents. Pour la première fois de l'histoire, quelqu'un pouvait voir des virus à l'œil nu.

Ces cristaux de virus étaient à la fois aussi robustes qu'un minéral et aussi vivants qu'un microbe. Stanley pouvait les conserver pendant plusieurs mois comme du sel dans un garde-manger. Quand il mettait les cristaux dans l'eau, ils redevenaient ces êtres invisibles capables d'infecter les plants de tabac de manière aussi virulente qu'auparavant.

L'expérience de Stanley, qu'il publia en 1935, éblouit le monde. Le New York Times déclara : « *La vieille distinction entre la mort et la vie perd de sa validité.* »

Mais Stanley avait également commis une petite erreur. Petite, mais grave. Les scientifiques britanniques Norman Pirie et Fred Bawden découvrirent en 1936 que les virus ne sont constitués qu'à 95 % de protéines. Les 5 % restants sont constitués d'autre chose, une mystérieuse molécule en forme de brin appelée acide nucléique. Ce n'est que bien plus tard qu'on devait découvrir que les acides nucléiques sont le support des gènes, les instructions pour fabriquer des protéines et d'autres molécules. Nos cellules stockent leurs gènes dans des acides nucléiques à double brin, connus sous le nom d'ADN, abréviation d'acide désoxyribonucléique. De nombreux virus ont eux aussi des gènes inscrits sur de l'ADN. D'autres virus, comme le virus de la mosaïque du tabac, ont une forme d'acide nucléique à un seul brin, appelés acide ribonucléique ou ARN.

Quatre ans après la cristallisation des virus de la mosaïque du tabac par Stanley, une équipe de scientifiques allemands parvint finalement à observer les virus de façon individuelle. Dans les années 1930, des ingénieurs inventèrent une nouvelle génération de microscopes capables de voir des objets bien plus petits qu'auparavant. Gustav Kausche, Edgar Pfannkuch et Helmut Ruska mélangèrent des cristaux de virus de la mosaïque du tabac à de l'eau purifiée et les placèrent sous l'un de ces nouveaux instruments. En 1939, ils rapportèrent avoir observé de minuscules bâtonnets, mesurant environ 300 nanomètres de long. Personne n'avait jamais rien vu de vivant à une échelle si infime. Pour vous faire une idée de la taille d'un virus, déposez un grain de sel sur une table. C'est un cube minuscule. Regardez-le attentivement. Sur un seul de ses côtés, on pourrait aligner environ dix cellules de peau. Ou une centaine de bactéries. Ou un millier de virus de la mosaïque du tabac, mis bout à bout.

Durant les décennies qui suivirent, les virologues continuèrent de disséquer des virus pour cartographier leur géographie moléculaire. Les virus contiennent des acides nucléiques et des protéines comme nos cellules, et pourtant, les scientifiques découvrirent de nombreuses différences entre les structures des virus et celles des cellules. Une cellule humaine contient des millions de molécules différentes, qu'elle utilise pour percevoir son environnement, se déplacer, se nourrir, croître, et décider si elle doit se diviser en deux ou se suicider pour le bien des cellules voisines. Les virologues comprirent que les virus, en règle générale, sont bien plus simples. Le plus souvent, il s'agit juste de coques en protéines contenant quelques gènes. Les virologues découvrirent que les virus peuvent se répliquer, malgré leurs instructions génétiques rudimentaires, en détournant d'autres formes de vie. Ils injectent leurs gènes et leurs protéines dans une cellule hôte, qu'ils manipulent de sorte qu'elle produise de nouvelles copies d'eux-mêmes. Un virus entre dans une cellule et, en une journée, des milliers de virus en ressortent.

Les virologues avaient compris ces faits essentiels dès les années 1950. Mais cela ne signifia pas la fin de la virologie pour autant. Les virus peuvent nous rendre malades de nombreuses façons, mais les virologues ne savaient pas comment. Ils ignoraient comment les papillomavirus peuvent produire des cornes chez les lapins et causer des centaines de milliers de cas de cancers du col de l'utérus chaque année. Ils ignoraient ce qui rendait certains virus mortels et d'autres inoffensifs. Ils devaient encore comprendre comment les virus échappent aux défenses de leurs hôtes et comment ils font pour évoluer plus rapidement que n'importe quel autre être vivant sur la planète. Dans les années 1950, ils ne savaient pas qu'un virus que l'on nommerait plus tard VIH était déjà passé des chimpanzés et des gorilles à notre espèce, ni que trente ans plus tard il deviendrait l'un des pires tueurs de l'histoire. Ils n'auraient pas pu imaginer le vaste nombre de virus qui existent sur Terre et n'auraient jamais pu envisager qu'une part importante de la diversité génétique du vivant soit portée par les virus. Ils ignoraient que les virus contribuent à la production d'une grande partie de l'oxygène que nous respirons et à la régulation du thermostat de la planète. Et ils n'auraient certainement jamais deviné que le génome humain est en partie composé de milliers de virus qui ont infecté nos lointains ancêtres, ou encore que ce sont peut-être les virus qui ont initié, il y a quatre milliards d'années, la vie telle que nous la connaissons aujourd'hui.

Aujourd'hui, les scientifiques savent ces choses. Ou, pour être plus précis, savent qu'elles *existent*. Ils reconnaissent désormais que, de la grotte des Cristaux au monde intérieur du corps humain, la Terre est une planète de virus. Leur compréhension est encore rudimentaire, mais c'est un bon début.

Alors, débutons nous aussi.

Première partie

DE VIEUX COMPAGNONS

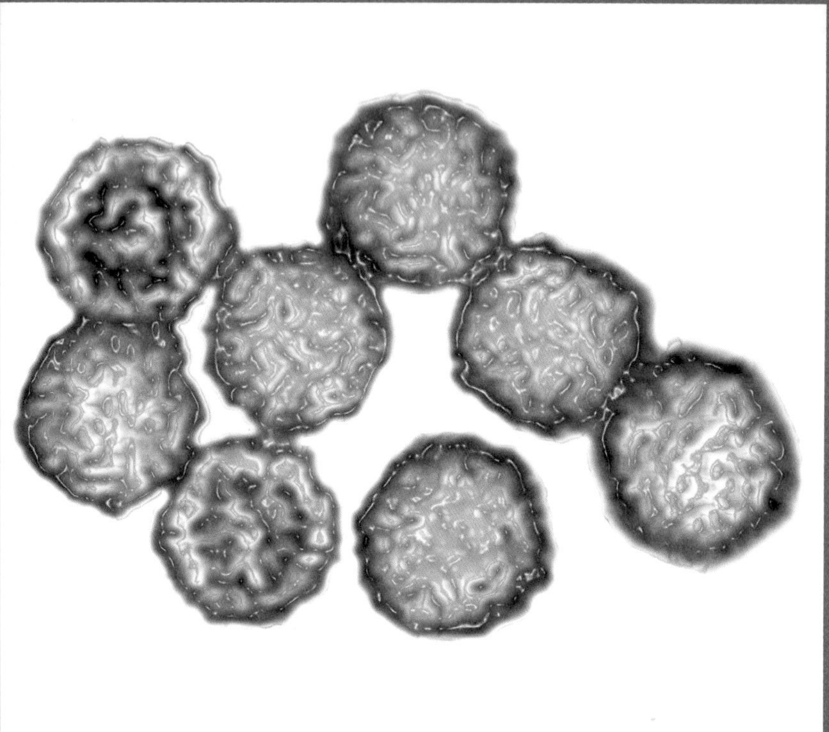

Les rhinovirus, à l'origine de la plupart des rhumes.

Un rhume pas si banal

Comment les rhinovirus ont tranquillement conquis le monde

Il y a environ 3 500 ans, un savant égyptien s'assit et se mit à rédiger le plus ancien texte médical connu à ce jour, le Papyrus Ebers. Parmi les maladies décrites figurait quelque chose appelé *resh*. Malgré ce nom aux consonances étranges, les symptômes – une toux et un écoulement de mucus par le nez – sont immédiatement reconnaissables : *resh*, c'est le rhume.

Certains virus sont nouveaux pour l'espèce humaine. D'autres sont mystérieux et exotiques. Mais les rhinovirus humains – la principale cause du rhume aussi bien que des crises d'asthme – sont de vieux compagnons cosmopolites. On estime que chaque être humain passe une année de sa vie au lit, terrassé par un rhume. En d'autres termes, le rhinovirus humain est l'un des plus prospères entre tous.

Le médecin grec Hippocrate croyait que les rhumes étaient dus à un déséquilibre des humeurs. Deux mille ans plus tard, au début des années 1900, nos connaissances sur les rhumes n'avaient guère progressé. Le physiologiste Leonard Hill déclara que la cause des rhumes était le passage de l'air chaud à l'air froid lorsque l'on sortait se promener le matin.

En 1914, Walther Kruse, un microbiologiste allemand, obtint le premier indice tangible concernant l'origine des rhumes en faisant souffler son assistant enrhumé dans un mouchoir. Kruse dilua le mucus dans une solution saline, la filtra, puis déposa quelques gouttes de la solution dans le nez d'une douzaine de collègues. Quatre d'entre eux contractèrent un rhume. Plus tard, Kruse répéta l'expérience avec trente-six étudiants. Quinze d'entre eux tombèrent malades. Kruse compara leur état à celui de trente-cinq personnes qui n'avaient reçu aucune goutte. Une seule de ces personnes déclara un rhume. L'expérience de Kruse montrait clairement qu'un agent pathogène minuscule était la cause de la maladie.

Au début, de nombreux experts croyaient qu'il s'agissait d'une sorte de bactéries. Mais le médecin américain Alphonse Dochez élimina cette hypothèse en 1927. Il filtra le mucus de personnes enrhumées, en utilisant des filtres fins, très similaires à ceux utilisés par Beijerinck sur les plants de tabac trente ans plus tôt. Même sans bactéries, le liquide rendait encore les personnes malades. Seuls des virus pouvaient passer entre les mailles du filtre de Dochez.

Il fallut encore trois décennies avant que les scientifiques ne comprennent exactement lesquels. Les plus communs sont connus sous le nom de rhinovirus (*rhino* signifie nez). Les rhinovirus sont remarquablement simples ; ils ne comportent que dix gènes (le génome humain en compte environ vingt mille). Et pourtant, leur haïku d'information génétique est suffisant pour permettre aux rhinovirus d'envahir notre corps, duper notre système immunitaire et produire de nouveaux virus qui peuvent s'échapper pour contaminer de nouveaux hôtes.

Les rhinovirus se répandent en faisant couler le nez. Les personnes enrhumées s'essuient le nez, se retrouvent avec le virus sur les mains et le déposent sur les poignées de porte et toutes les surfaces qu'elles touchent. Quand d'autres personnes touchent cette même surface, le virus s'accroche à leur peau et se glisse dans leur corps, en général par le nez. Les rhinovirus peuvent envahir les cellules qui tapissent l'intérieur du nez, de la gorge ou des poumons. Ils déclenchent chez les cellules l'ouverture d'une trappe par laquelle ils se glissent. Au cours des heures qui suivent, un rhinovirus se servira de ces cellules hôtes pour créer des copies de son code génétique ainsi que des capsules en protéines pour les contenir. La cellule hôte finit par exploser et les nouveaux virus s'échappent.

Les rhinovirus infectent relativement peu de cellules et causent peu de réels dégâts. Alors comment font-ils pour nous imposer des expériences aussi désagréables ? Nous ne pouvons nous en prendre qu'à nous-mêmes : les cellules infectées libèrent des molécules de signalisation cellulaire, des cytokines, qui attirent les cellules immunitaires avoisinantes. Ce sont ces cellules immunitaires qui font que nous nous sentons mal. Elles déclenchent une inflammation qui provoque une sensation râpeuse dans la gorge et conduit à une production abondante de mucus autour du site de l'infection. Pour se remettre d'un rhume, il faut non seulement attendre que le système immunitaire se soit débarrassé du virus, mais aussi que le système immunitaire se calme.

Selon l'auteur égyptien du Papyrus Ebers, le remède pour venir à bout du *resh* consistait à tamponner un mélange de miel, d'herbes et d'encens autour du nez. Quinze siècles plus tard, Pline l'Ancien, le naturaliste romain, recommandait plutôt de frotter une souris contre le nez. Dans l'Angleterre du XVIIe siècle, on trouvait des cures à base de poudre à canon, d'œufs, de bouse de vache frite et de suif. Leonard Hill, le physiologiste qui croyait que les changements de température provoquaient le rhume, recommandait aux enfants de commencer la journée par une douche froide.

De nos jours, il n'y a toujours pas de remède efficace contre le rhume. Le meilleur traitement disponible est le zinc, qui bloque le développement des rhinovirus. En prenant du zinc dans les 24 heures suivant le début d'un rhume, on peut s'épargner un jour ou plus de maladie. Les parents donnent souvent du sirop contre la toux aux enfants enrhumés, mais des études montrent que cela ne contribue pas à une guérison plus rapide. Au contraire même ; ces sirops provoquent des effets secondaires parfois très graves, comme des convulsions, une élévation du rythme cardiaque, ou même la mort. Aux États-Unis, la Food and Drug Administration (FDA, l'instance de régulation des médicaments sur le marché américain) recommande de ne pas donner de sirop contre la toux aux enfants de moins de deux ans (la population la plus sujette aux rhumes).

Trop souvent, les médecins finissent par donner des antibiotiques aux patients enrhumés. C'est un traitement fondamentalement inutile, car les antibiotiques n'agissent que sur des bactéries et ne peuvent rien contre les virus. Les médecins les prescrivent parfois lorsqu'ils hésitent entre rhume et infection microbienne. D'autres fois, ils cèdent à la pression de parents inquiets demandant que *quelque chose* soit fait. Mais les antibiotiques ne sont pas seulement inutiles face aux rhumes ; ils représentent aussi un danger pour nous tous, car ils favorisent l'évolution de bactéries toujours plus résistantes aussi bien dans notre corps que dans l'environnement. Non seulement les médecins échouent à traiter leurs patients, mais ils augmentent le risque pour tout le monde de contracter d'autres maladies.

Pourquoi le rhume reste-t-il si difficile à traiter ? Peut-être avons-nous sous-estimé le rhinovirus. Il existe sous des formes variées et les scientifiques commencent seulement maintenant à vraiment appréhender sa diversité génétique. À la fin du XXe siècle, ils avaient identifié des dizaines de souches, appartenant toutes à deux grandes lignées de virus : HRV-A et HRV-B. En 2006, Ian Lipkin et Thomas Briese, de l'université Columbia, cherchaient à comprendre pourquoi des New-Yorkais qui n'étaient pas porteurs du virus de la grippe présentaient des symptômes grippaux. Ils découvrirent qu'un tiers d'entre eux étaient porteurs d'une souche de rhinovirus humain qui n'était apparentée ni au HRV-A ni au HRV-B. Lipkin et Briese la surnommèrent HRV-C. Depuis leur découverte, des chercheurs ont débusqué le HRV-C partout sur la planète. D'une région à l'autre, les gènes du HRV-C varient peu. Leur uniformité suggère que la lignée est apparue il y a quelques siècles seulement et qu'elle s'est répandue rapidement à travers le globe.

Plus les chercheurs trouvent de souches de rhinovirus, mieux ils comprennent leur évolution. Tous les rhinovirus humains partagent un socle de gènes qui a très peu changé au cours des siècles. Dans le même temps, certaines régions du génome du rhinovirus évoluent très rapidement. Elles semblent aider le virus à survivre à notre système immunitaire. Tandis que notre corps produit les anticorps capables de stopper une souche de rhinovirus humain, d'autres souches peuvent continuer de nous infecter parce que nos anticorps ne se fixent pas à leurs protéines de surface. Le fait que les gens sont généralement infectés par plusieurs souches de rhinovirus humains chaque année semble confirmer cette hypothèse.

La diversité des rhinovirus humains en fait une cible difficile à abattre. Un médicament ou un vaccin s'attaquant à *une* protéine à la surface d'*une* souche serait inutile contre d'autres souches portant une version de protéine différente. Si une autre souche de rhinovirus ne résiste ne serait-ce qu'un peu à de tels traitements, la sélection naturelle pourrait favoriser la propagation de nouvelles mutations, causant des résistances beaucoup plus fortes.

Cette diversité est décourageante. Cependant, certains scientifiques continuent de penser qu'il est possible de créer un remède contre le rhume. Le fait que toutes les souches de rhinovirus humain partagent une base génétique commune suggère que cette base supporte mal les mutations. Si les scientifiques trouvent des moyens de s'y attaquer, ils pourraient éradiquer la maladie.

Une cible prometteuse au cœur même des rhinovirus est un fragment de matériel génétique qui se replie en formant des boucles, comme une feuille de trèfle. Tous les rhinovirus que les scientifiques ont étudiés arborent cette structure. Elle semble être essentielle pour accélérer le rythme auquel une cellule hôte recopie les gènes de rhinovirus. Si les scientifiques trouvaient un moyen de désactiver la feuille de trèfle, ils pourraient bien stopper tous les virus de rhume sur Terre.

Mais serait-ce une bonne idée ? La réponse n'est pas si claire. Les rhinovirus humains imposent un lourd fardeau à la santé publique, non seulement en provoquant des rhumes, mais en ouvrant aussi la voie à des agents pathogènes plus dangereux. Mais d'un autre côté, les rhinovirus humains eux-mêmes sont relativement bénins. La plupart des rhumes passent en moins d'une semaine et 40 % des gens porteurs de rhinovirus ne présentent aucun symptôme. En réalité, les rhinovirus humains pourraient offrir des avantages à leurs hôtes. Des scientifiques ont obtenu de nombreux résultats montrant que les enfants infectés par des virus et bactéries relativement bénins peuvent plus tard être protégés contre des troubles du système immunitaire tels que des allergies ou la maladie de Crohn. Les rhinovirus humains aident peut-être notre système immunitaire à ne pas surréagir face à des alertes bénignes, et à employer son arsenal contre les véritables menaces. Peut-être devrions-nous considérer les rhumes non pas comme d'anciens ennemis, mais comme de vénérables précepteurs emplis de sagesse.

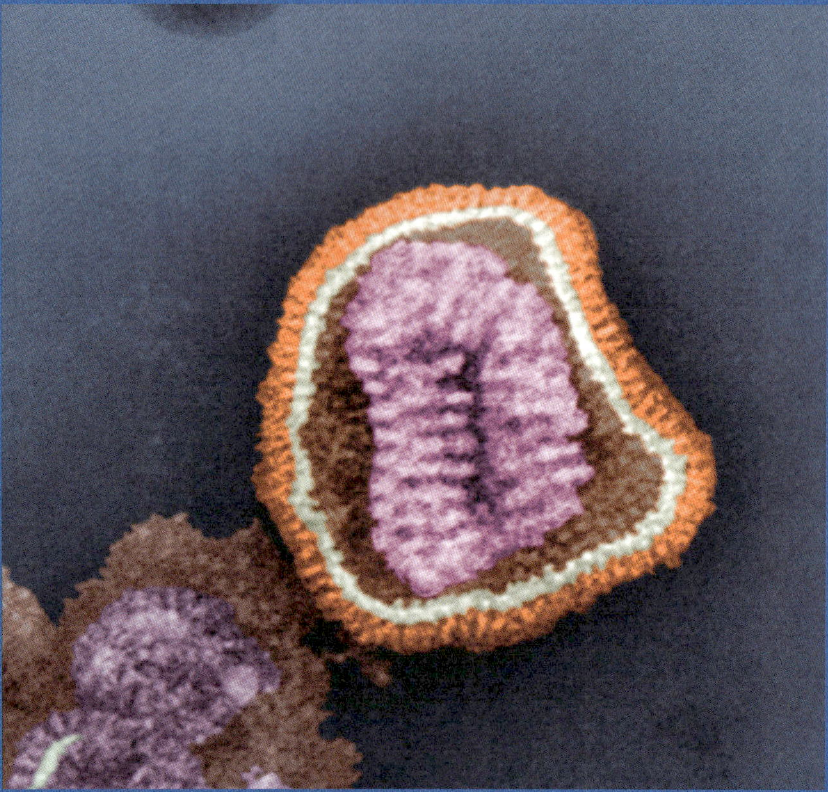

Le virus de la grippe : la couche extérieure apparaît en orange et la capside, structure entourant le génome, en gris-blanc, avec des segments d'ARN violets à l'intérieur.

Vu des étoiles

La perpétuelle réinvention du virus de la grippe

Influenza. Si l'on ferme les yeux et qu'on le prononce à haute voix, cela résonne de façon charmante. Ce pourrait être le nom d'un vieux village italien. D'ailleurs, le mot *Influenza* est italien (il signifie « influence »). C'est aussi un vieux nom, qui remonte au Moyen Âge. Mais les associations charmantes s'arrêtent là. Au MoyenÂge, les médecins pensaient que les étoiles influençaient la santé de leurs patients, causant parfois une fièvre mystérieuse qui balayait l'Europe à quelques décennies d'intervalle. Par la suite, *Influenza* – autrement dit le virus de la grippe – a continué de frapper le monde, provoquant des ravages à répétition. En 1918, une épidémie particulièrement virulente infecta 500 millions de personnes (ce qui représentait à l'époque un tiers de l'humanité), et en tua quelque 50 millions. Même sans épidémie, l'humanité paie chaque année un lourd tribut à la grippe. L'Organisation mondiale de la Santé estime que la grippe touche chaque année entre 5 et 10 % des adultes et entre 20 et 30 % des enfants. Elle tue chaque année entre un quart et un demi-million de personnes.

Aujourd'hui, les scientifiques savent que la grippe n'est pas l'œuvre des cieux, mais celle d'un virus microscopique. Tout comme le rhinovirus du rhume, la grippe parvient à faire des dégâts avec très peu d'information génétique : seulement treize gènes. Ils se répandent dans les gouttelettes expulsées par les personnes malades quand elles toussent, éternuent ou s'essuient le nez. Une nouvelle victime peut être contaminée en inhalant une gouttelette chargée de virus, ou en touchant une poignée de porte infectée et en portant ses doigts à la bouche. Une fois que le virus de la grippe est entré dans la gorge ou le nez, il peut s'agripper à une des cellules qui tapissent les voies respiratoires et s'y introduire. Le virus de la grippe se répand de cellule en cellule, semant la destruction sur son passage. Il agit comme une tondeuse à gazon qui rase tout ce qui dépasse, détruisant le mucus et les cellules qui tapissent les voies respiratoires.

Quand des personnes saines sont infectées par un virus de la grippe, leur système immunitaire peut lancer une contre-attaque en quelques jours. Dans ce cas, la grippe cause une vague de douleurs, de fièvre et de fatigue, mais le pire est passé au bout d'une semaine. Chez une petite fraction de ses victimes, la grippe ouvre la voie à des infections plus sérieuses. Normalement, la couche supérieure de nos cellules agit comme une barrière contre une multitude d'agents pathogènes. Les pathogènes se retrouvent piégés par le mucus et agrippés par les cils des cellules, ce qui alerte rapidement le système immunitaire de la présence d'intrus. Mais une fois que le virus-tondeuse-à-gazon a éliminé cette couche protectrice, les agents pathogènes peuvent se glisser dans les poumons, et provoquer des infections graves, voire fatales.

Il y a encore des paradoxes dans les effets de la grippe que les virologues ne comprennent pas. La grippe saisonnière est surtout dangereuse pour les personnes dont le système immunitaire est affaibli, en particulier les jeunes enfants et les personnes âgées, car elles ne peuvent pas tenir le virus en échec. Mais lors de l'épidémie de 1918, ce furent les jeunes adultes – des personnes avec un système immunitaire efficace – qui se révélèrent particulièrement vulnérables. Une hypothèse serait que certaines souches de grippe provoquent des réponses immunitaires si agressives qu'elles en viennent à détruire l'hôte plutôt que le virus. Certains scientifiques en doutent. Ils pensent que la réponse se trouve ailleurs. Il est possible par exemple qu'en 1918, les personnes les plus âgées aient été protégées par des anticorps développés durant une pandémie similaire en 1889.

Si les effets de la grippe peuvent encore sembler mystérieux, son origine est claire. La grippe vient des oiseaux. Les oiseaux portent toutes les souches connues du virus de la grippe humaine, ainsi que d'autres virus de la grippe qui n'affectent pas les humains. De nombreux oiseaux sont porteurs de la grippe sans être malades. Au lieu d'infecter les voies respiratoires des oiseaux, les virus de la grippe infectent en général leurs intestins ; les virus sont ensuite évacués dans les fientes. Les oiseaux qui ingèrent de l'eau contaminée par le virus sont infectés à leur tour.

Parfois, une souche de grippe aviaire finit par infecter des gens : des éleveurs, des volaillers sur le marché, par exemple. Un virus d'oiseau peut ne pas sembler à sa place dans les voies respiratoires d'un humain. Mais il s'avère que les récepteurs des cellules d'intestins des oiseaux ont une forme similaire à ceux de nos voies respiratoires. Les virus de grippe aviaire peuvent parfois s'y accrocher et se glisser à l'intérieur.

Mais la transition de l'oiseau à l'humain n'est pas facile. Le virus de la grippe aviaire a besoin de certains gènes pour prospérer, qui sont différents des gènes utiles dans un corps humain. Le corps humain est plus froid que le corps d'un oiseau par exemple, et cette différence signifie que les molécules doivent changer de forme pour être efficaces.

Résultat : en passant chez l'être humain, les virus de la grippe aviaire se retrouvent généralement dans une impasse virale, car ils sont incapables de se propager de personne en personne. Par exemple, en 2005, une souche de grippe aviaire connue sous le nom de H5N1 commença à rendre malades des centaines de personnes en Asie du Sud-est. Elle s'avéra bien plus mortelle que les souches de grippe saisonnière ordinaires, et les services de santé publique la suivirent attentivement et prirent des mesures pour éviter sa propagation. Mais au fil des ans, la maladie se montra incapable de passer d'un humain à l'autre. Les virus H5N1 passés chez un hôte humain finissaient par mourir, soit parce que leur hôte les détruisait, soit parce qu'ils tuaient leur hôte.

Mais de temps à autre, les virus de la grippe aviaire s'adaptent à notre corps. À chaque réplication, les nouveaux virus contiennent des erreurs génétiques qu'on appelle mutations. Certaines mutations n'ont aucun effet sur les virus. D'autres les rendent incapables de se reproduire. Et quelques-unes donnent aux virus de la grippe un avantage reproductif.

La sélection naturelle favorise ces mutations bénéfiques. Certaines aident le virus en modifiant la forme des protéines qui parsèment la coque du virus, leur permettant de s'accrocher à des cellules humaines plus efficacement. D'autres les aident à se propager d'une personne à l'autre.

Une fois qu'une souche de grippe s'installe dans la population humaine, elle peut se propager à travers la planète et commencer à osciller au rythme des saisons. Dans des pays comme les États-Unis, la plupart des cas de grippe surviennent l'hiver. Selon une hypothèse, c'est parce que l'air est suffisamment sec pour permettre à des gouttelettes contaminées de flotter dans les airs durant des heures, augmentant leurs chances de croiser un nouvel hôte. À d'autres moments de l'année, l'humidité fait grossir les gouttelettes qui finissent par tomber.

Lorsqu'un virus se balade à bord d'une gouttelette et infecte un nouvel hôte, il envahit parfois une cellule qui abrite déjà un autre virus de la grippe. Et quand deux virus se reproduisent dans la même cellule, les choses peuvent devenir compliquées. Les gènes d'un virus de la grippe sont stockés dans huit segments distincts. Quand une cellule hôte commence à fabriquer les segments de deux virus différents, il arrive qu'ils se mélangent. La nouvelle progéniture se retrouve avec du matériel génétique provenant des deux virus. Ce mélange, appelé recombinaison, est la version virale du sexe. Quand des humains ont des enfants, les gènes des parents sont mélangés, créant de nouvelles combinaisons des deux mêmes jeux de gènes. La recombinaison permet aux virus de mélanger leurs propres gènes pour créer de nouvelles combinaisons.

Un quart de tous les oiseaux porteurs de la grippe portent simultanément au moins deux souches de virus. Les virus échangent des gènes et acquièrent de nouvelles adaptations, comme la capacité de passer d'oiseaux sauvages à des poulets, ou même à des mammifères comme des chevaux ou des porcs. Parfois, en de très rares occasions, la recombinaison réunit des gènes des virus humains et aviaires. C'est la catastrophe assurée. La nouvelle souche qui résulte de cette combinaison peut facilement se propager d'une personne à l'autre. Et parce qu'elle n'a jamais circulé dans la population humaine auparavant, personne n'a développé de défense qui puisse ralentir sa propagation.

Une fois que des virus de la grippe aviaire ont évolué en agents pathogènes humains, ils continuent d'échanger des gènes entre eux. Cette recombinaison continue permet aux virus d'éviter la destruction. Avant que notre système immunitaire n'ait eu le temps de se familiariser avec les protéines situées à la surface d'une souche de la grippe, celle-ci peut s'adonner au sexe viral pour changer de déguisement.

Le rôle de la recombinaison dans la pandémie la plus récente fut extrêmement complexe. La nouvelle souche, appelée H1N1 2009 Humain/Porcin, fit sa première apparition au Mexique en mars 2009. Mais son élaboration avait pris des décennies.

En séquençant ses gènes, les scientifiques ont pu faire remonter les origines du virus à quatre souches distinctes. La plus ancienne infecte les porcs depuis la pandémie de 1918 (il est possible que nous l'ayons transmise aux porcs). Une deuxième souche émergea dans les années 1970, quand la grippe aviaire infecta des porcs en Europe ou en Asie. Et une troisième souche passa plus tard des oiseaux aux porcs aux États-Unis. À la fin des années 1990, ces trois souches s'étaient combinées en une nouvelle forme, appelée souche « triplement réassortie » par les scientifiques. Passée inaperçue à l'époque, elle se répandit silencieusement parmi les animaux dans le secret des porcheries industrielles. Puis, le virus « triplement réassorti » se combina avec un autre virus de la grippe porcine, et devint alors capable de passer aux humains. Il est probable que le H1N1 2009 Humain/Porcin fit ce bond à l'automne 2008. Il rendit les gens malades pendant des mois avant de se révéler au printemps 2009.

Dès que les services de santé publique eurent reconnu qu'ils faisaient face à une nouvelle pandémie, ils lancèrent une campagne globale pour protéger la population de l'infection. Malgré leurs efforts, le H1N1 2009 Humain/Porcin parvint à balayer la planète, comme les pandémies précédentes, contaminant entre 10 et 20 pour cent de toutes les personnes sur Terre. Les États-Unis mirent au point un nouveau vaccin dans l'urgence, mais il ne fut pas prêt avant l'automne et ne permit finalement qu'une protection limitée contre le virus. Si le H1N1 2009 Humain/Porcin avait été aussi mortel que la grippe de 1918, nous aurions été confrontés à une gigantesque catastrophe pouvant causer des millions de morts. Finalement, il s'avéra moins virulent. Et causa environ 250 000 morts avant de s'estomper.

À l'heure où j'écris, en 2015, les scientifiques s'intéressent aux prochaines pandémies potentielles. Il pourrait suffire de quelques mutations pour qu'une souche de grippe aviaire évolue en une nouvelle souche de grippe humaine. Une recombinaison pourrait accélérer ce changement. Personne ne peut dire si une souche particulière franchira la barrière de l'espèce, ni quand. Mais, en attendant de voir ce que l'évolution nous réserve, nous ne sommes pas démunis. Nous pouvons agir pour ralentir la propagation de la grippe, en nous lavant les mains par exemple. Et les scientifiques apprennent comment faire des vaccins plus efficaces en retraçant l'évolution du virus de la grippe, afin de mieux prévoir quelles souches seront dangereuses dans les saisons de grippe à venir. Nous n'avons peut-être pas encore pris le dessus sur la grippe, mais au moins n'avons-nous plus besoin de nous tourner vers les étoiles pour nous défendre.

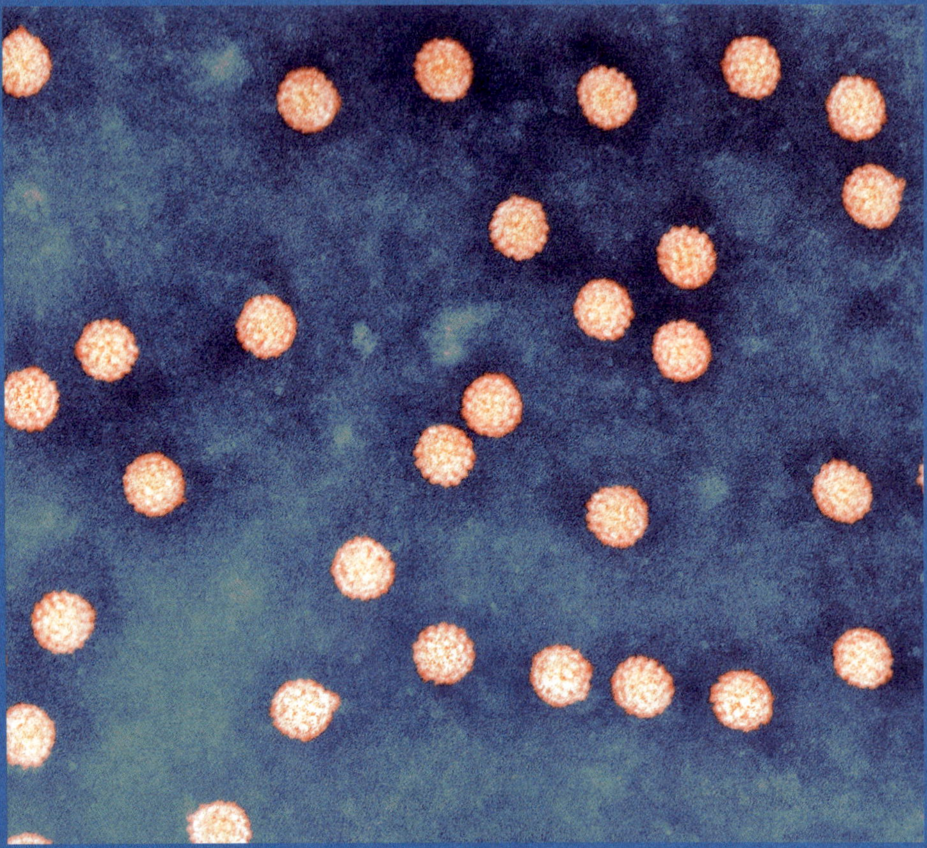

Le papillomavirus humain (ou virus du papillome humain, VPH) dans une suspension.

Des lapins à cornes

Le papillomavirus humain et le cancer contagieux

Des histoires de lapins à cornes circulent depuis des siècles. Elles ont fini par se cristalliser en un mythe : le jackalope[1]. Si vous vous promenez dans le Wyoming et que vous faites tourner un présentoir de cartes postales, il y a de bonnes chances que vous tombiez sur une image de jackalope cabriolant dans un pré. Cela ressemble à un lapin avec des bois sur la tête. Vous pourrez même voir des jackalopes en chair et en os, ou du moins la tête empaillée de l'un d'eux sur le mur d'un café-restaurant.

Jusqu'à un certain point, ce ne sont que des foutaises. La plupart des jackalopes sont des supercheries taxidermiques : des lapins avec des morceaux de bois d'antilope collés sur la tête. Mais comme de nombreux mythes, la légende du jackalope a un fond de vérité. Des excroissances en forme de cornes poussent effectivement sur la tête de certains lapins.

Au début des années 1930, Richard Shope, un scientifique de l'université Rockefeller, entendit parler des lapins à cornes pendant une partie de chasse. Il demanda à un ami d'en attraper un et de lui

1. Contraction de *jackrabbit* (lièvre, en anglais) et *antelope* (antilope).

envoyer des tissus de cornes, afin de pouvoir déterminer leur composition. Le collègue de Shope, Francis Rous, avait fait des expériences avec des poulets qui suggéraient que des virus pouvaient causer des tumeurs. Malgré le scepticisme de nombreux scientifiques de l'époque, Shope se demanda si ces « cornes » de lapin étaient elles aussi des tumeurs déclenchées par un virus inconnu. Pour tester son hypothèse, Shope broya les cornes et les dilua dans une solution qu'il filtra à travers de la porcelaine. Les pores fins de la porcelaine ne laisseraient passer que des virus. Shope frictionna ensuite des têtes de lapins bien portants avec sa solution filtrée. Des cornes leur poussèrent sur la tête.

L'expérience de Shope fit plus que montrer que les cornes contenaient des virus. Elle démontra que les virus *créaient* les cornes à partir de cellules infectées. Après cette découverte, Shope remit sa collection de tissus de lapins à Rous qui poursuivit les recherches pendant des décennies. Rous injecta du liquide chargé de virus dans le corps de lapins et constata que cela produisait des cornes loin d'être inoffensives. Les lapins développaient en effet des cancers agressifs qui les tuaient. Ces recherches établissant un lien entre virus et cancer valurent à Rous le prix Nobel de physiologie ou médecine 1966.

Les découvertes de Shope et Rous incitèrent les scientifiques à examiner les excroissances d'autres animaux. Les vaches développent parfois d'énormes bosses faites de peau déformée, pouvant atteindre la taille d'un pamplemousse. Des verrues poussent sur les mammifères, qu'il s'agisse de dauphins, de tigres ou d'humains. Et en de rares occasions, ces verrues peuvent transformer les gens en jackalopes humains.

Dans les années 1980, Dede, un adolescent indonésien, développa des verrues sur tout le corps. Elles envahirent rapidement ses mains et ses pieds. Il dut finalement quitter son emploi régulier et devint une attraction de foire, ce qui lui valut le surnom de « Tree Man » (l'homme-arbre en anglais). On commença à parler de Dede dans la presse et, en 2007, des chirurgiens retirèrent de son corps près de six kilogrammes de verrues. De nouvelles excroissances se formèrent cependant et Dede dut ainsi se faire opérer régulièrement.

Les excroissances de Dede, comme celles des autres humains et mammifères, se trouvèrent toutes être causées par un seul et même type de virus : celui qui fait pousser des cornes sur les lapins. Il est connu sous le nom de papillomavirus, ou virus du papillome humain (VPH), car les cellules infectées prennent une forme de papilles.

Dans les années 1970, le chercheur allemand Harald zur Hausen émit l'hypothèse que les papillomavirus pouvaient constituer une menace autrement plus importante pour la santé humaine que la verrue occasionnelle. Il se demanda s'ils pouvaient aussi causer des tumeurs du col de l'utérus chez les femmes. De précédentes études sur les cancers du col de l'utérus avaient révélé des mécanismes similaires aux maladies sexuellement transmissibles. Les religieuses, par exemple, ont moins de cancers du col de l'utérus que les autres femmes. Certains scientifiques avaient émis l'hypothèse qu'un virus contracté durant les rapports sexuels causait le cancer du col de l'utérus. Zur Hausen se demanda si les coupables n'étaient pas des papillomavirus cancérigènes.

Si cela était vrai, se dit zur Hausen, il devrait trouver de l'ADN de virus dans les tumeurs du col de l'utérus. Il se procura des biopsies à étudier et tria leur ADN pendant des années. En 1983, il découvrit du matériel génétique de papillomavirus dans les échantillons. Il continua d'examiner les biopsies et trouva de nouvelles souches de papillomavirus. Depuis la première publication des découvertes de zur Hausen, les scientifiques ont identifié cent différentes souches du papillomavirus. En récompense de ses efforts, zur Hausen partagea le prix Nobel de physiologie ou médecine 2008.

En raison du tribut massif que paient les femmes du monde entier au cancer du col de l'utérus, les recherches de zur Hausen placèrent le papillomavirus sous les projecteurs de la médecine. Les tumeurs causées par le VPH deviennent si grandes qu'elles déchirent littéralement l'utérus ou les intestins. Les hémorragies peuvent être fatales. Le cancer du col de l'utérus tue plus de 270 000 femmes chaque année. C'est la troisième cause de mortalité chez les femmes, après le cancer du sein et des poumons.

Tous ces cas débutent quand une femme est infectée par le VPH. L'infection commence quand le virus injecte son ADN dans une cellule hôte. Le VPH est spécialisé dans l'infection de cellules épithéliales, qui constituent une bonne partie de la peau et des muqueuses du corps. Les gènes du virus arrivent dans le noyau de leur cellule hôte, siège de l'ADN de la cellule. La cellule lit ensuite les gènes du VPH et fabrique les protéines du virus. Ces protéines commencent alors à modifier la cellule.

De nombreux autres virus, comme le rhinovirus et le virus de la grippe, se reproduisent de manière violente. Ils créent de nouveaux virus aussi vite que possible, jusqu'à ce que la cellule déborde de progéniture virale. Au bout du compte, la cellule se déchire et meurt. Le VPH utilise une stratégie radicalement différente. Au lieu de tuer sa cellule hôte, il la force à créer davantage de copies d'elle-même. Plus il y a de cellules hôtes et plus il y a de virus.

Accélérer la division cellulaire n'est pas une mince affaire, surtout pour un virus qui ne compte que huit gènes. Le processus normal de division cellulaire est déroutant de complexité. Une cellule « décide » de se diviser en réponse à des signaux externes et internes, mobilisant une armée de molécules pour réorganiser son contenu. Son squelette interne fibreux se réassemble en entraînant le contenu de la cellule aux deux extrémités. Au même moment, la cellule crée une nouvelle copie de son ADN – 3,2 milliards de « lettres » en tout, organisées en 46 amas appelés chromosomes. La cellule doit traîner ces chromosomes à ses deux extrémités et bâtir un mur entre les deux.

Durant ce bourdonnement d'activité, des molécules-surveillantes supervisent l'avancement. Si la cellule montre des signes de début de cancer, elles peuvent déclencher son suicide. Le VPH peut manipuler ce bal complexe en produisant quelques protéines qui interviennent à des moments cruciaux du cycle de la cellule, accélérant ce dernier sans tuer la cellule.

De nombreux types de cellules croissent rapidement pendant l'enfance, puis moins vite ou plus du tout. Les cellules épithéliales, celles que le VPH infecte, continuent de croître pendant toute notre vie. Elles naissent dans une couche enfouie sous la surface de la peau. À chaque fois qu'elles se divisent, elles produisent une nouvelle couche de cellules qui poussent vers le haut les cellules précédentes. À chaque fois qu'elles se divisent et qu'elles montent, les cellules se différencient de leurs cellules mères. Elles commencent à fabriquer davantage de kératine (la protéine dure qui constitue nos ongles et les sabots des chevaux). Chargée de kératine, la couche supérieure de la peau supporte mieux les dommages causés par le soleil, les produits chimiques et les températures extrêmes. Mais les cellules épithéliales de la couche supérieure finissent par mourir, et les couches suivantes prennent leur place.

Cette disposition signifie que le VPH doit essayer de vivre sur un tapis roulant. Au fur et à mesure que les cellules infectées par le VPH se reproduisent, elles montent dans les couches, se rapprochant toujours un peu plus de leur mort. Les virus sentent quand leurs cellules hôtes se rapprochent de la surface et changent de stratégie. Au lieu d'accélérer la division cellulaire, ils ordonnent à leurs cellules hôtes de créer beaucoup de nouveaux virus. Quand la cellule atteint la surface, elle explose libérant de grandes quantités de VPH qui peuvent alors chercher de nouveaux hôtes à infecter.

Chez la plupart des personnes infectées par le VPH, un équilibre pacifique s'installe entre le virus et l'hôte. Les cellules infectées à croissance rapide ne causent pas de dégâts, car elles finissent par tomber. Le virus, pendant ce temps, utilise les cellules épithéliales comme des usines à nouveaux virus, qui peuvent alors infecter de nouveaux hôtes via un contact épidermique ou sexuel. Le système immunitaire contribue à maintenir cet équilibre en éliminant certaines cellules infectées. (Les excroissances en arbre de Dede résultaient d'une anomalie génétique qui empêchait son corps de maîtriser le virus.)

Cet équilibre entre hôte et virus existe depuis des centaines de millions d'années. Pour retracer l'histoire des papillomavirus, les scientifiques comparent les séquences génétiques de différentes souches et regardent quels animaux elles infectent. Il se trouve que les papillomavirus infectent non seulement les mammifères, comme les êtres humains, les lapins et les vaches, mais également d'autres vertébrés comme les oiseaux et les reptiles. Chaque souche de virus n'infecte en général qu'une seule espèce, ou quelques espèces proches. Selon Marc Gottschling, de l'université de Munich, ces relations permettent d'affirmer que les premiers vertébrés ayant pondu des œufs sur la terre ferme – les ancêtres des mammifères, des reptiles et des oiseaux – servaient déjà d'hôtes aux papillomavirus il y a 300 millions d'années.

Tandis que les descendants de cet animal ancestral évoluaient en différentes lignées, leurs papillomavirus évoluaient aussi. Certaines recherches suggèrent que ces virus ont commencé à se spécialiser sur les différents types de peaux de leurs hôtes. Les virus qui causent des verrues, par exemple, se sont adaptés pour infecter des cellules de peau. Une autre lignée s'est adaptée aux muqueuses de la bouche ou d'autres orifices. Pour la plupart, ces nouveaux papillomavirus coexistaient pacifiquement avec leurs hôtes. Deux tiers des chevaux sains sont porteurs des souches de papillomavirus BPV1 et BPV2. Durant leur évolution, certaines souches sont devenues plus sujettes que d'autres à devenir cancérogène, mais les chercheurs ne savent pas pourquoi.

Pendant des milliers de générations, les papillomavirus se spécialisèrent dans certains types d'hôtes. Mais de temps en temps, ils bondirent d'une espèce à l'autre. Certains papillomavirus humains sont plus proches des papillomavirus qui infectent les chevaux, que de ceux qui infectent nos proches cousins les grands singes. De simples contacts de la peau ont peut-être permis aux virus de faire ce saut.

Quand notre propre espèce apparut en Afrique, il y a environ deux cent mille ans, nos ancêtres portaient probablement plusieurs souches différentes de papillomavirus. On retrouve des représentants de ces souches partout dans le monde. Mais tandis que les humains poursuivaient leur expansion sur toute la planète – quittant l'Afrique il y a environ cinquante mille ans et atteignant le Nouveau Monde il y a environ quinze mille ans[2] –, leurs papillomavirus continuèrent d'évoluer. Nous le savons, car la généalogie de certaines souches de VPH est le reflet de notre propre généalogie. Les virus qui infectent les Africains modernes appartiennent à la plus ancienne lignée du VPH, par exemple, tandis que les Européens, les Asiatiques et les Américains natifs portent tous une souche distincte.

Notre espèce a passé environ 199 950 des 200 000 dernières années sans savoir qu'elle était porteuse du VPH. Ce n'est pas que le VPH était rare ; loin de là. Une étude de 2014 menée sur 103 personnes en bonne santé a montré que 71 d'entre elles étaient porteuses du virus, soit environ 69 %. Chez l'immense majorité de ces gens, le virus était

2. Il s'agit là d'estimations basses. Carl Zimmer utilise probablement des données tirées de la génétique, qui ne coïncident pas exactement avec celles de l'archéologie (N.d.E.)

inoffensif. Sur les 30 millions de femmes américaines qui portent le VPH, seules 13 000 développent un cancer du col de l'utérus chaque année.

Pour cette minorité frappée par le cancer, l'équilibre pacifique est rompu entre hôte et virus. Natalia Shulzhenko, de l'université d'État de l'Oregon, et ses collègues pensent que le VPH déclenche le cancer quand une partie de son bagage génétique se retrouve accidentellement incorporé dans l'ADN d'une cellule. La cellule se multiplie rapidement et subit de nouvelles mutations. Au lieu de mourir, elle demeure dans un état de jeunesse non naturel. Au lieu de tomber, les cellules forment une tumeur, qui se fraie un chemin vers l'extérieur et dans les tissus avoisinants.

La meilleure façon d'éviter la plupart des cancers consiste à réduire les chances que nos cellules subissent des mutations dangereuses, en arrêtant de fumer, en évitant les produits cancérigènes et en mangeant bien. Mais le cancer du col de l'utérus peut être bloqué d'une autre façon : avec un vaccin. L'utilisation des premiers vaccins anti-VPH aux États-Unis et en Europe fut approuvée en 2006. Ils contiennent tous des protéines de la coque externe du VPH que le système immunitaire apprend à reconnaître. Si des personnes se font infecter par le virus par la suite, leur système immunitaire peuvent lancer une attaque éclair et l'anéantir.

L'introduction du vaccin déclencha une controverse aux États-Unis, car son fabricant, GlaxoSmithKline, recommandait que les enfants soient vaccinés entre onze et treize ans. Certains parents protestèrent, arguant qu'une telle politique faisait la promotion du sexe prémarital. Ces craintes eurent pour conséquence de maintenir le taux de vaccination à un niveau faible. Aux États-Unis, en 2013, seuls 35 % des garçons et 57 % des filles reçurent le vaccin contre le VPH avant leur treizième anniversaire. Les Centres pour le contrôle et la prévention des maladies dénoncèrent ce taux, jugé « *inacceptablement bas* ». Quelles que soient les objections des parents au sujet du vaccin, il fonctionne indéniablement. Des études sur le long terme ont montré qu'il offre une protection totale contre les deux souches qui provoquent 70 % des cas de cancers du col de l'utérus.

Toutefois, même si tous les enfants recevaient le vaccin, le cancer du col de l'utérus ne disparaîtrait probablement pas complètement.

Dans le meilleur des cas, les deux souches ciblées par le vaccin pourraient être éradiquées. Mais les scientifiques ont identifié treize autres souches cancérigènes de VPH et il est vraisemblable qu'on en découvre encore d'autres. Si le vaccin décime les deux souches les plus prospères, la sélection naturelle risque de favoriser l'évolution d'autres souches qui prendront leur place. Ne sous-estimez jamais la créativité évolutive d'un virus qui peut transformer des lapins en jackalopes ou des hommes en arbres.

Deuxième partie

PARTOUT, EN TOUTES CHOSES

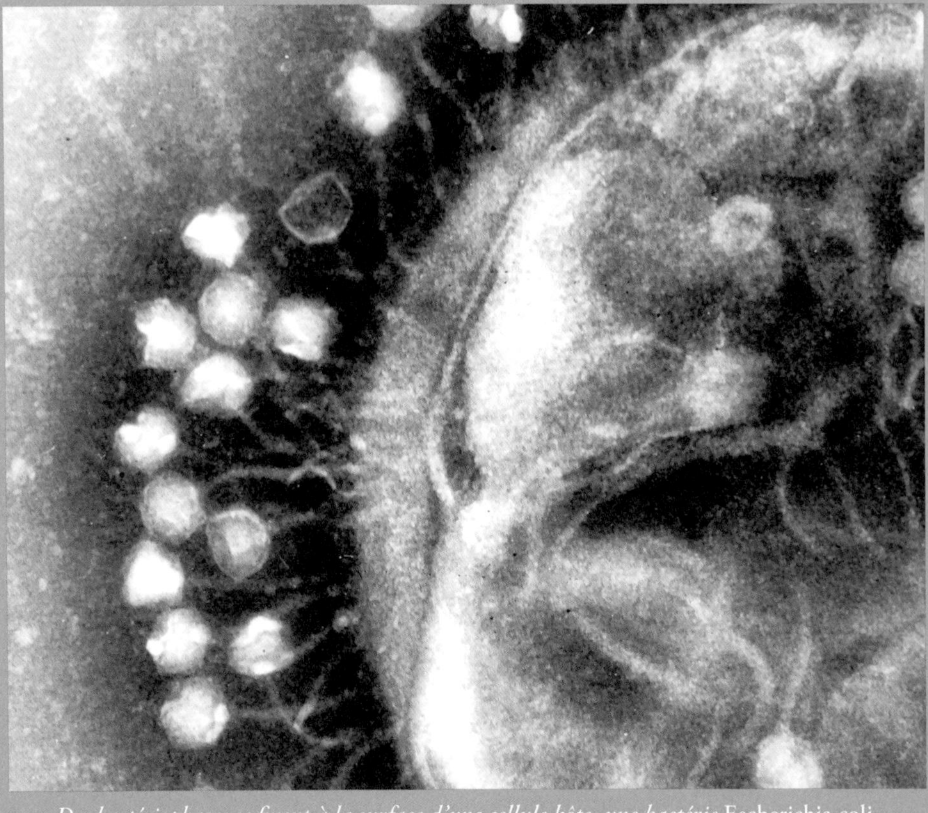

Des bactériophages se fixent à la surface d'une cellule hôte, une bactérie Escherichia coli.

L'ennemi de notre ennemi

La médecine virale des bactériophages

Dès le début du vingtième siècle, les scientifiques avaient compris certaines choses importantes sur les virus. Ils savaient que les virus étaient des agents infectieux formidablement minuscules. Ils savaient que certains causaient certaines maladies, comme le virus de la mosaïque du tabac ou celui de la rage. Mais la jeune virologie était encore une science de clocher. Elle s'intéressait surtout aux virus qui inquiétaient le plus les gens : ceux qui les rendaient malades et menaçaient leurs cultures et leur bétail. Les virologues regardaient rarement au-delà du petit cercle du quotidien. Mais, au cours de la Première Guerre mondiale, deux médecins parvinrent, de façon indépendante, à entrapercevoir l'immensité de l'univers des virus dans lequel nous vivons.

En 1915, Frederick Twort, un médecin anglais, découvrit cet univers de façon presque accidentelle. Il cherchait alors à trouver une meilleure manière de fabriquer un vaccin contre la variole. Au début des années 1900, le vaccin standard contenait un cousin moins virulent de la variole, appelé *vaccine*. Malheureusement, les nouveaux virus de la vaccine ne pouvaient être collectés qu'auprès de ses hôtes : des personnes ou des animaux déjà immunisés. Twort se demanda s'il était possible de produire de la vaccine plus vite, en infectant des cellules qu'il cultivait dans son laboratoire.

Ses expériences furent un échec, car des bactéries contaminèrent ses cultures et détruisirent les cellules. Mais la frustration de Twort ne l'empêcha pas de constater quelque chose d'étrange : il remarqua des points vitreux en train de se développer dans ses cultures. Au microscope, Twort s'aperçut que ces points étaient remplis de microbes morts. Il préleva de minuscules gouttes sur les points et les transféra à des colonies de bactéries vivantes. En l'espace de quelques heures, des points vitreux se formèrent dans les boîtes et les bactéries moururent. Mais s'il versait des gouttes sur une autre espèce de bactéries, aucun point ne se formait.

Twort trouva trois hypothèses pour expliquer ce qu'il observait. Il s'agissait peut-être d'une particularité étrange du cycle de vie des bactéries. Ou peut-être les bactéries fabriquaient-elles une enzyme qui les tuait. La troisième possibilité était la plus invraisemblable : Twort avait peut-être découvert un virus qui tuait les bactéries.

Twort publia ses découvertes en mentionnant ses trois hypothèses, et passa à autre chose. L'idée révolutionnaire d'un virus qui contaminerait des bactéries n'avait pas contaminé son esprit. Mais deux ans plus tard, un médecin d'origine canadienne nommé Félix d'Hérelle fit la même découverte, de façon indépendante, et se montra plus ouvert à cette idée.

En 1917, d'Hérelle était médecin militaire. Il s'occupait de soldats français qui succombaient à la dysenterie. La dysenterie est causée par des bactéries appelées *Shigella*. Aujourd'hui, les médecins peuvent utiliser des antibiotiques pour tuer des bactéries, ces médicaments ne devaient être découverts que plusieurs décennies après la Grande Guerre. Pour mieux comprendre son ennemi, d'Hérelle examina la diarrhée produite par les soldats malades.

Pour son analyse, il passa les selles des soldats à travers des filtres fins, afin de piéger les *Shigella* et toute autre bactérie qu'elles contenaient. Une fois que d'Hérelle eut obtenu ce liquide vierge de bactéries, il le mélangea à de nouveaux échantillons de *Shigella,* puis disposa le tout dans des boîtes de Pétri. La souche de *Shigella* commença à croître, mais au bout de quelques heures, d'Hérelle remarqua des points clairs en train de se former dans les colonies. Il préleva des échantillons de ces points et les mélangea de nouveau avec des *Shigella*. De nouveaux points clairs se formèrent dans les boîtes. d'Hérelle en conclut que les points étaient des champs de bataille où des virus étaient en train de tuer les *Shigella*, laissant derrière leurs corps translucides.

D'Hérelle croyait que sa découverte était tellement révolutionnaire que ses virus méritaient un nom bien à eux. Il les nomma *bactériophages*, ce qui signifie « mangeurs de bactéries ». Aujourd'hui, on les appelle par leur diminutif : phages.

Le concept d'un virus infectant des bactéries était si étrange que certaines scientifiques refusèrent de l'accepter. Jules Bordet, un immunologiste français qui obtint le Prix Nobel en 1919, devint le détracteur de d'Hérelle le plus virulent, après qu'il eut échoué à découvrir ses propres phages. Au lieu des *Shigella*, Bordet utilisa des souches inoffensives d'*Escherichia coli*. Il fit passer un liquide contenant des *E. coli* dans un filtre fin et le mélangea avec un second lot d'*E. coli*. Celui-ci mourut, tout comme dans l'expérience de d'Hérelle. Mais Bordet décida de regarder ce qui se passait s'il mélangeait le liquide filtré avec le premier lot d'*E. coli*, c'est-à-dire celui qu'il avait filtré au début. À sa surprise, ce premier lot d'*E. coli* ne fut pas infecté.

Bordet interpréta son échec comme une preuve que le liquide filtré ne contenait pas de phages. Au lieu de cela, pensait-il, il contenait une protéine produite par la colonie initiale d'*E. coli*. La protéine était toxique pour d'autres bactéries, mais pas pour celles qui la produisaient.

Félix d'Hérelle riposta, Bordet aussi, et le débat fit rage pendant des années. Il fallut attendre les années 1940 avant que les scientifiques n'obtiennent finalement la preuve visuelle que d'Hérelle avait raison. Pour clore le débat, il fallut utiliser un microscope électronique suffisamment puissant pour voir les minuscules virus. Quand ils mélangèrent le liquide tueur de bactéries avec des *E. coli* pour l'observer au microscope, ils virent que les bactéries étaient attaquées par des phages. Les phages avaient des coquilles en forme de boîtes, dans lesquelles s'enroulaient leurs gènes, posées sur ce qui ressemblait à des pattes d'araignée. Les phages se posaient à la surface d'*E. coli* à la manière d'un module lunaire, puis foraient le microbe pour y injecter leur ADN.

Au fur et à mesure que les scientifiques se familiarisaient avec les phages, il devint clair que le débat entre d'Hérelle et Bordet se résumait à vouloir additionner des petits pois et des carottes. Les phages n'appartiennent pas à une seule espèce, et les différentes espèces de phages se comportent différemment envers leur hôte. d'Hérelle avait trouvé une forme virulente, appelée phage lytique, qui tue son hôte en se multipliant. Bordet avait trouvé une forme plus bienveillante de virus : les phages tempérés. Les phages tempérés traitent les virus comme les papillomavirus humains traitent nos cellules de peau. Quand un phage tempéré infecte son hôte microbe, celui-ci n'éclate pas en disséminant de nouveaux phages. Au lieu de cela, les gènes du phage tempéré s'incorporent à l'ADN de l'hôte, et celui-ci continue de grandir et de se diviser. C'est comme si le virus et son hôte ne formaient plus qu'un.

Mais de temps en temps, l'ADN du phage tempéré se réveille. Il ordonne aux cellules de fabriquer de nouveaux phages, qui jaillissent de la cellule pour en envahir d'autres. Et une fois qu'un phage tempéré est incorporé dans un microbe, l'hôte est immunisé contre toute nouvelle invasion. Voilà pourquoi Bordet ne put tuer le premier lot d'*E. coli* avec le phage : il était déjà infecté, et donc protégé.

D'Hérelle n'attendit pas la fin du débat sur les phages pour commencer à les utiliser pour guérir ses patients. Durant la Première Guerre mondiale, il observa que le nombre de phages dans les selles des soldats augmentait lorsqu'ils guérissaient de la dysenterie et d'autres maladies. D'Hérelle en conclut que les phages étaient en train de tuer les bactéries. Peut-être pourrait-il éliminer la maladie encore plus vite s'il donnait davantage de phages à ses patients.

Avant de pouvoir tester son hypothèse, d'Hérelle avait besoin de s'assurer que les phages n'étaient pas dangereux. Alors il en avala pour voir s'il tomberait malade. Il constata qu'il pouvait absorber des phages «*sans détecter le moindre malaise*», écrivit-il plus tard. D'Hérelle injecta des phages dans sa peau, toujours sans constater d'effets néfastes.

Confiant dans l'innocuité des phages, d'Hérelle commença à en donner à des patients malades. Il nota que cela aidait les gens à guérir de la dysenterie et du choléra. Lorsque quatre passagers d'un navire français débarquèrent dans le canal de Suez avec la peste bubonique, d'Hérelle leur donna des phages. Les quatre victimes furent guéries.

Ces guérisons rendirent Félix d'Hérelle encore plus célèbre. En 1925, l'écrivain américain Sinclair Lewis s'appuya sur ses recherches révolutionnaires pour son best-seller *Arrowsmith*, qui fut adapté au cinéma en 1931. Pendant ce temps, d'Hérelle développa un médicament à base de phages vendu par la société aujourd'hui connue sous le nom de L'Oréal. Les gens utilisèrent ses phages pour traiter des plaies superficielles et pour soigner des infections intestinales.

Mais en 1940, l'engouement pour les phages disparut. De nombreux médecins n'étaient pas très à l'aise avec l'idée d'utiliser des virus vivants comme traitement. Ces mêmes médecins accueillirent les antibiotiques – découverts dans les années 1930 – avec bien plus d'enthousiasme, car ils n'étaient pas vivants : il s'agissait de simples composés chimiques artificiels et de protéines produites par des champignons ou des bactéries. Capables de traiter une infection en quelques jours seulement, les antibiotiques se révélaient aussi souvent d'une efficacité stupéfiante. L'industrie pharmaceutique abandonna les phages de d'Hérelle et commença à produire des antibiotiques à tour de bras. Avec leur succès, poursuivre les recherches sur la thérapie par les phages ne semblait plus guère valoir la peine.

Pourtant, le rêve de d'Hérelle ne disparut pas complètement avec sa mort en 1949. En 1920, lors d'un voyage en Union soviétique, il avait rencontré des scientifiques qui voulaient construire un institut entièrement dédié à l'étude des phages. En 1923, il aida les chercheurs soviétiques à établir l'Institut George Eliava du bactériophage, de microbiologie et de virologie à Tbilissi, qui est désormais la capitale de la République de Géorgie. À son apogée, l'institut employait 1 200 personnes et produisait des tonnes de phages par an. Durant la Seconde Guerre mondiale, l'Union soviétique fit parvenir des phages en comprimés et en poudre sur les lignes de front, où ils étaient administrés à des soldats malades.

En 1963, l'Institut Eliava mena la plus grande étude sur les phages jamais conduite auprès de 30 796 enfants de Tbilissi, afin de comprendre comment les phages fonctionnaient vraiment chez les humains. Une fois par semaine, la moitié des enfants avalaient un comprimé qui contenait des phages contre les *Shigella*. Les autres recevaient un comprimé de sucre. Pour minimiser les facteurs environnementaux autant que possible, les scientifiques d'Elavia donnaient les comprimés de phages aux enfants qui vivaient d'un côté d'une rue, et les comprimés de sucre aux enfants qui vivaient de l'autre côté. Les scientifiques suivirent les enfants pendant 109 jours. Parmi les enfants qui recevaient le comprimé de sucre, 6,7 sur 1 000 eurent la dysenterie. Ce nombre chutait à 1,8 chez les enfants qui avaient pris le comprimé de phages. En d'autres termes, absorber des phages diminuait d'un facteur 3,8 le risque pour un enfant de contracter la dysenterie.

Peu de personnes entendirent parler de ces résultats spectaculaires en dehors de la Géorgie, grâce à la culture du secret du gouvernement soviétique. Ce n'est qu'après la chute de l'Union soviétique en 1989 que les informations commencèrent à circuler. Les rapports incitèrent un petit groupe de scientifiques occidentaux à étudier la phagothérapie et à défier la réticence à leur égard bien établie à l'Ouest.

Ces défenseurs des phages soutiennent que nous ne devrions pas craindre d'utiliser des virus vivants comme médicaments. Après tout, la nourriture que nous mangeons, comme les yaourts, les cornichons ou le salami, contient des myriades de virus. Nos corps sont bourrés de virus aussi, ce qui n'est guère surprenant si l'on considère que nous portons chacun cent mille milliards de bactéries qui constituent toutes des hôtes prometteurs pour différentes espèces de phages. Chaque jour, ces phages tuent des quantités énormes de bactéries dans notre corps, sans jamais nuire à notre santé.

Une autre inquiétude évoquée concernant les phages est que leur attaque est trop spécifique. Chaque espèce de phages ne peut attaquer qu'une espèce de bactéries, tandis qu'un antibiotique peut tuer beaucoup d'espèces de bactéries simultanément. Mais il est clair désormais que la phagothérapie peut traiter une grande variété d'infections. Les médecins n'ont qu'à combiner plusieurs espèces de phages dans un seul cocktail. Les scientifiques de l'Institut Eliava ont développé un pansement imprégné de six phages différents, capable de tuer les six bactéries les plus communes dans les infections cutanées.

Des sceptiques affirmèrent que même si les scientifiques parvenaient à créer une phagothérapie efficace, l'évolution la rendrait rapidement complètement inutilisable. Dans les années 1940, les microbiologistes Salvador Luria et Max Delbruck observèrent la résistance aux phages se développer sous leurs propres yeux. Lorsqu'ils mirent des phages dans une boîte contenant des *E. coli*, la plupart moururent, mais quelques-unes s'accrochèrent à la vie et se multiplièrent ensuite en de nouvelles colonies. De plus amples recherches montrèrent que les survivantes avaient acquis des mutations qui leur permettaient de résister aux phages. Les bactéries résistantes transmettaient ensuite les gènes mutés à leurs descendantes. Les critiques soulignaient aussi le fait que la phagothérapie allait favoriser l'apparition de bactéries résistantes aux phages, ce qui provoquerait un rebond d'infections.

Les partisans de la phagothérapie répondirent en faisant remarquer que les phages peuvent évoluer eux aussi. En se répliquant, ils mutent parfois, et ces mutations peuvent leur donner de nouveaux moyens d'infecter des bactéries résistantes. Les scientifiques peuvent même aider les phages à améliorer leur attaque. Ils peuvent par exemple chercher dans des collections de milliers de phages pour trouver la meilleure arme contre une infection particulière. Ils peuvent même bricoler l'ADN des phages pour créer des phages qui peuvent tuer d'une façon inédite.

En 2008, James Collins, un biologiste à l'université de Boston, et Tim Lu, du M.I.T, publièrent une description du premier phage conçu pour tuer. Leur nouveau phage est particulièrement efficace, car il a été spécialement conçu pour attaquer les biofilms, ces couches caoutchouteuses dans lesquelles les bactéries s'enveloppent. Les biofilms peuvent tenir en échec les antibiotiques aussi bien que les phages, car ceux-ci ne peuvent pas pénétrer la masse gluante et atteindre les bactéries. Collins et Lu épluchèrent la littérature scientifique, à la recherche d'un gène qui pourrait rendre les phages capables de détruire les biofilms. Les bactéries elles-mêmes portent des enzymes, qu'elles utilisent pour assouplir le biofilm lorsqu'il est temps de se libérer et de coloniser de nouveaux habitats.

Collins et Lu synthétisèrent un gène pour une de ces enzymes capable de dissoudre un biofilm et l'insérèrent dans un phage. Puis ils modifièrent l'ADN du phage pour qu'il produise cette enzyme en grandes quantités dès qu'il pénétrait dans un hôte microbien. Lorsqu'ils les lâchèrent sur une culture d'*E. coli*, les phages pénétrèrent dans les bactéries se trouvant à la surface des biofilms et les forcèrent à produire à la fois de nouveaux phages et de nouvelles enzymes. Les microbes infectés éclatèrent, libérant des enzymes qui ouvrirent des voies de plus en plus profondes dans le biofilm, que les phages pouvaient infecter. Le phage modifié peut éliminer 99,997 % des *E. coli* dans un biofilm, un taux de létalité à peu près cent fois supérieur à celui des phages ordinaires.

Pendant que Collins et d'autres scientifiques découvrent comment fabriquer des phages toujours plus efficaces, les antibiotiques commencent à perdre de leur superbe. Les médecins luttent contre un nombre croissant de bactéries qui sont devenues résistantes aux antibiotiques disponibles aujourd'hui. Parfois, les médecins s'en remettent à des traitements de dernier recours onéreux qui causent de sévères effets secondaires. Il y a toutes les raisons de penser que les bactéries évolueront pour résister aussi à ces antibiotiques de dernier recours. Les scientifiques se pressent pour développer de nouveaux antibiotiques, mais il faut parfois plus de dix ans pour qu'un médicament sorte du labo et arrive sur le marché.

Le monde où les antibiotiques n'existaient pas encore est peut-être maintenant difficile à imaginer, mais nous devons imaginer celui où elles ne seront plus notre seule arme contre les bactéries. Un siècle après la première rencontre de d'Hérelle avec les bactériophages, ces virus sont peut-être aujourd'hui prêts à trouver leur place dans la médecine moderne.

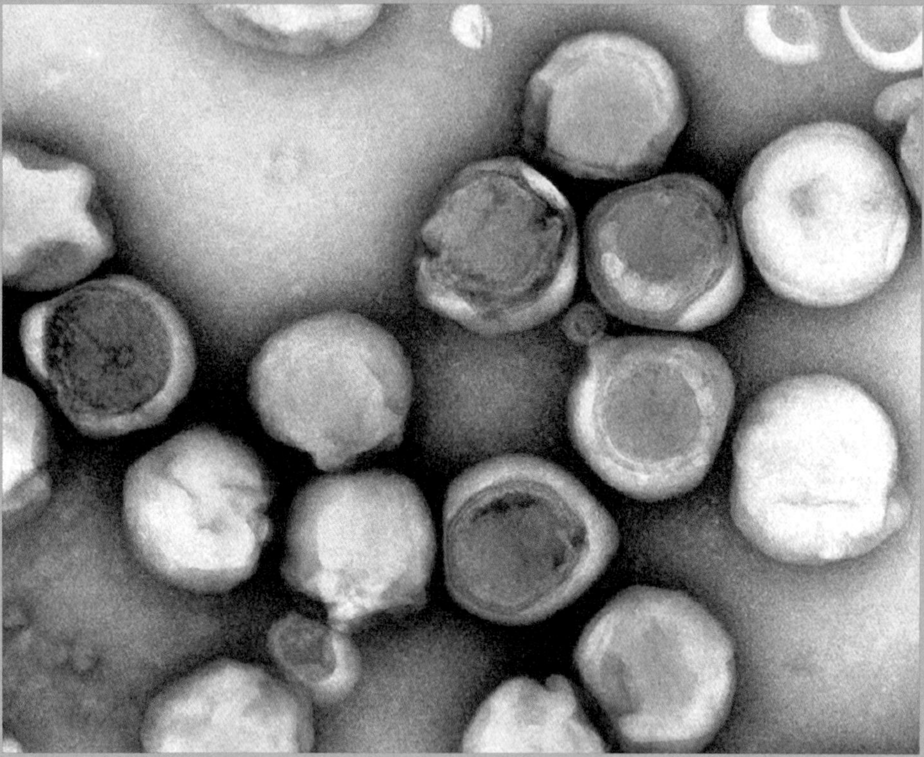

Des virus Emiliania huxleyi *infectent des algues océaniques (ici montrés dans une suspension).*

L'océan contaminé

Comment les phages règnent sur les mers

Certaines grandes découvertes ressemblent d'abord à de terribles erreurs.

En 1986, Lita Proctor – alors étudiante en master à l'université d'État de New York à Stony Brook – décida de regarder combien il y a de virus dans l'eau de mer. À l'époque, le consensus voulait qu'il n'y en ait pratiquement pas. Les quelques chercheurs qui avaient pris la peine de chercher des virus dans l'océan n'en avaient généralement trouvé que des quantités limitées. La plupart des experts croyaient que la majorité des virus qu'ils trouvaient provenaient en fait des égouts ou d'autres sources terrestres.

Mais, les années passant, une poignée de scientifiques avaient accumulé des preuves qui s'accommodaient mal du consensus. Un biologiste marin du nom de John Sieburth, par exemple, avait publié la photographie d'une bactérie marine explosant en libérant de nouveaux virus. Proctor décida qu'il était temps de lancer une étude systématique. Elle se rendit dans les Caraïbes et dans la mer des Sargasses, collectant de l'eau de mer sur son chemin. De retour à Long Island, elle procéda soigneusement à l'extraction du matériel biologique de l'eau de mer. Elle le recouvrit de métal de sorte qu'il soit visible sous le faisceau d'un microscope électronique. Quand Proctor examina enfin ses échantillons, elle aperçut un monde de virus. Certains flottaient librement tandis que d'autres se cachaient dans des hôtes bactériens. En se basant sur le nombre de virus qu'elle trouva dans ses échantillons, Proctor estima que chaque litre d'eau de mer contient jusqu'à cent milliards de virus.

Les chiffres de Proctor dépassaient de très loin les estimations précédentes. Mais quand d'autres scientifiques prirent le relais et menèrent leurs propres recherches, ils obtinrent les mêmes résultats. Ils finirent par admettre qu'il y a quelque chose comme 10 000 000 000 000 000 000 000 000 000 000 virus dans l'océan.

Il est difficile d'établir une comparaison qui fasse sens pour un nombre aussi gigantesque. Les virus sont 15 fois plus nombreux que tous les autres résidents de l'océan. Si on plaçait tous les virus de l'océan sur une balance, ils pèseraient aussi lourd que soixante-quinze millions de baleines bleues (on compte moins de dix mille baleines bleues sur toute la planète). Et si on alignait tous les virus de l'océan, bout à bout, ils s'étireraient sur 42 millions d'années-lumière.

Ces chiffres ne signifient pas que vous êtes condamné à mort si vous vous baignez dans l'océan. Seule une minuscule fraction des virus de l'océan peuvent infecter les humains. Certains virus marins infectent les poissons et d'autres animaux marins. Mais leurs cibles les plus fréquentes sont, de loin, les bactéries et d'autres microbes unicellulaires. Les microbes sont peut-être invisibles à l'œil nu, mais collectivement, ils éclipsent de l'océan toutes ses baleines, ses récifs de coraux et l'ensemble de ses autres formes de vie marine. Et tout comme les bactéries vivant dans notre corps sont attaquées par des phages, les microbes vivant dans la mer sont attaqués par des phages marins.

Quand Félix d'Hérelle découvrit les premiers bactériophages chez des soldats français en 1917, de nombreux scientifiques refusèrent de croire qu'une telle chose puisse vraiment exister. Un siècle plus tard, il paraît évident que d'Hérelle avait trouvé la forme de vie la plus abondante sur Terre. Qui plus est, les virus marins ont une influence prépondérante sur la planète. Les phages marins influencent l'écologie des océans. Ils laissent leur empreinte sur le climat global de la Terre. Et ils ont joué un rôle crucial dans l'évolution de la vie pendant des milliards d'années. Ils sont, en d'autres termes, la matrice vivante de la biologie.

Les virus marins sont puissants, car ils sont très contagieux. Ils envahissent un nouvel hôte microbien dix mille milliards de fois par seconde et tuent chaque jour entre 15 et 40% de toutes les bactéries dans tous les océans de la planète. En tuant ces hôtes, ils créent des nuées de nouveaux virus. Chaque litre d'eau de mer génère jusqu'à cent milliards de nouveaux virus chaque jour. Ces virus vont s'empresser d'infecter de nouveaux hôtes. Leur efficacité létale maintient leurs hôtes en échec, et nous autres humains ne pouvons que bénéficier de leur pouvoir meurtrier. Le choléra, par exemple, est causé par la prolifération de bactéries d'origine hydrique, du genre *Vibrio*. Mais les *Vibrio* servent d'hôtes à quantité de phages. Lorsque la population de *Vibrio* explose et déclenche une épidémie de choléra, les phages se multiplient. La population de virus se développe si rapidement qu'elle tue les *Vibrio* plus vite que les microbes ne parviennent à se reproduire. La prolifération de bactéries diminue et l'épidémie s'estompe.

Stopper les épidémies de choléra est en fait l'un des plus petits effets des virus marins. Ils tuent tant de microbes qu'ils peuvent aussi influencer l'atmosphère de la planète. Cela n'est possible que parce que les microbes eux-mêmes sont les grands géo-ingénieurs de la planète. Les algues et les bactéries photosynthétiques produisent environ la moitié de l'oxygène que nous respirons. Les algues libèrent également du sulfure de diméthyle, un gaz qui en s'élevant dans l'air joue un rôle majeur dans la formation des nuages. Les nuages réfléchissent la lumière du soleil dans l'espace, ce qui refroidit la planète. Les algues et les bactéries photosynthétiques contribuent aussi au refroidissement en absorbant le dioxyde de carbone, un gaz qui piège la chaleur dans l'atmosphère. En revanche, d'autres microbes réchauffent la planète en relâchant dans l'atmosphère des quantités importante de dioxyde de carbone, un déchet. Quand les microbes de l'océan meurent, une partie de leur carbone retombe au fond de l'océan. En quelques millions d'années, cette neige microbienne peut progressivement refroidir la planète. Qui plus est, ces organismes morts peuvent se transformer en roche. Les falaises blanches de Douvres, par exemple, sont constituées des coquilles en calcaire d'organismes unicellulaires appelés coccolithophores.

Les virus tuent ces géo-ingénieurs par dizaines de milliards chaque jour. En mourant, les victimes microbiennes relâchent un milliard de tonnes de carbone par jour. Une partie du carbone libéré fait office d'engrais, stimulant le développement de nouveaux microbes, mais une autre partie s'enfonce probablement dans les profondeurs océaniques. Les molécules contenues dans une cellule sont collantes, aussi celles qui sont libérées quand un virus déchire la paroi d'un hôte peuvent-elles entraîner d'autres molécules de carbone dans leur chute pour les plonger dans une vaste tempête de neige sous-marine.

Les virus océaniques ne nous stupéfient pas seulement par leur multitude, mais également par leur diversité génétique. Les gènes d'un humain et d'un requin sont tout à fait similaires – si similaires que les scientifiques peuvent trouver un équivalent à la plupart des gènes humains dans le génome du requin. La constitution génétique des virus marins, quant à elle, ne s'apparente pratiquement à rien. Une étude sur les virus de l'océan Arctique, du golfe du Mexique, des Bermudes et du Pacifique Nord a permis aux scientifiques d'identifier 1,8 million de gènes viraux. Seuls 10 % d'entre eux présentaient une ressemblance avec des gènes d'autres organismes, qu'il s'agisse de microbes, d'animaux, de plantes ou même d'autres virus. Les 90 % restants étaient entièrement nouveaux pour la science. Dans 200 litres d'eau de mer, les scientifiques trouvent en général quelque 5 000 sortes de virus génétiquement distinctes. Dans un kilogramme de sédiment marin, on peut en trouver un million.

L'une des raisons de cette diversité tient à la quantité d'hôtes que les virus ont à infecter. Chaque souche de virus doit évoluer en trouvant de nouvelles adaptations pour traverser les défenses de son hôte. Mais la diversité évolue aussi par des moyens plus pacifiques. Les phages dits « tempérés » fusionnent sans effort avec l'ADN de leur hôte ; quand l'hôte se reproduit, il copie l'ADN du virus en même temps que le sien. Tant que l'ADN du phage tempéré demeure intact, il peut s'échapper de son hôte en période de stress. Mais après suffisamment de générations, un phage tempéré aura accumulé des mutations qui l'entravent, et il ne pourra plus s'échapper. Il deviendra une partie permanente du génome de son hôte.

En fabriquant de nouveaux virus, il arrive qu'une cellule hôte leur injecte accidentellement certains de ses propres gènes. Les nouveaux virus transportent les gènes de leurs hôtes en nageant à travers l'océan, et les injectent en même temps que les leurs dans les génomes de leurs nouveaux hôtes. Selon une estimation, les virus transfèrent chaque année un quadrillion (10^{24}) de gènes entre les génomes de leurs hôtes océaniques.

Parfois, ces gènes empruntés augmentent les chances de développement et de reproduction de leurs nouveaux hôtes. Le succès de l'hôte signifie le succès du virus. Tandis que certaines espèces de virus tuent les *Vibrio*, d'autres acheminent des gènes produisant des toxines que les bactéries utilisent pour provoquer des diarrhées lors des infections de choléra. La nouvelle infection de virus porteurs de toxine peut être la cause de nouvelles épidémies de choléra.

Grâce à l'emprunt de gènes, les virus sont aussi potentiellement directement responsables d'une bonne partie de l'oxygène dans le monde. Une espèce abondante de bactérie océanique appelée *Synechococcus* assure environ un quart de la photosynthèse de la planète[3]. Quand les scientifiques examinent l'ADN de *Synechococcus*, ils trouvent souvent des protéines provenant de virus en train de mener à bien leur récolte de photons. Les scientifiques ont même trouvé des virus flottant librement, à la recherche d'un nouvel hôte à infecter. Approximativement 10 % de toute la photosynthèse sur Terre est assurée par des gènes viraux. Faites dix inspirations : l'une d'elles vous est gracieusement fournie par un virus.

Ce va-et-vient de gènes a eu un immense impact sur l'histoire de la vie sur Terre. Après tout, c'est dans les océans que la vie a commencé. Les plus anciennes traces de vie sont des fossiles de microbes marins datant d'il y a presque 3,5 milliards d'années. C'est dans les océans que les organismes multicellulaires ont évolué ; leurs plus anciens fossiles remontent à environ 2 milliards d'années. En fait, nos propres ancêtres n'ont pas rampé sur Terre avant environ 400 millions d'années. Les virus ne laissent pas de fossiles derrière eux, mais ils laissent leurs traces dans le génome de leurs hôtes. Ces traces suggèrent que les virus sont là depuis des milliards d'années.

Les scientifiques peuvent établir l'histoire des gènes en comparant les génomes d'espèces qui ont partagé un ancêtre commun il y a très longtemps. Ces comparaisons peuvent, par exemple, révéler quels gènes ont été livrés à leur hôte actuel par un virus vivant dans un passé lointain. Les scientifiques ont découvert que tous les organismes vivants ont une mosaïque de génomes, avec des centaines, voire des milliers de gènes importés par des virus. Aussi bas que les scientifiques descendent dans l'arbre du vivant, ils se rendent compte que des virus ont déplacé des gènes. Darwin s'était peut-être représenté l'histoire de la vie comme un arbre. Mais l'histoire des gènes, du moins au niveau des microbes océaniques et de leurs virus, ressemble davantage à un réseau commercial débordant d'activité, dont les ramifications remontent à des milliards d'années.

---

3. La photosynthèse est le processus par lequel différents organismes produisent de la matière organique à partir de dioxyde de carbone et d'eau. Elle libère également de l'oxygène.

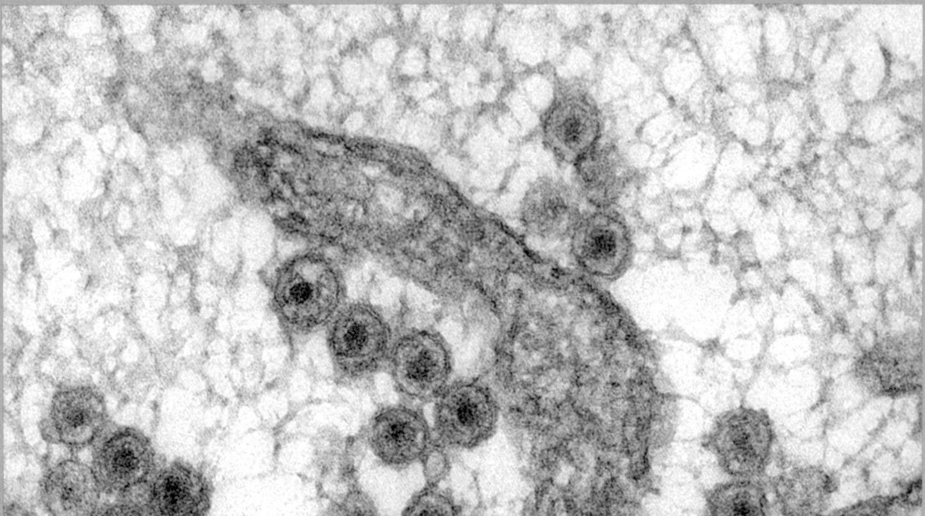

Un bourgeon de virus de la leucose aviaire issu d'un globule blanc humain.

Nos parasites intimes

Les rétrovirus endogènes et la passoire virale de nos génomes

L'idée que les gènes d'un hôte puissent provenir de virus est tellement étrange qu'elle en devient quasi philosophique. Nous aimons à penser que notre génome constitue la quintessence de notre identité. Le fait qu'une grande partie de l'ADN des bactéries provient de virus amène à se poser des questions déconcertantes. Ont-elles une identité propre et distincte ? Ou ne sont-elles que des Frankenstein hybrides aux contours devenus flous ?

Au début, il était possible de dissocier ce casse-tête de notre propre existence, de le traiter comme une simple question ne concernant que les microbes. La présence de gènes viraux n'était qu'un hasard concernant des formes de vie « inférieures ». Pareil confort ne nous est aujourd'hui plus permis. Quand nous regardons notre propre génome, nous voyons maintenant des virus. Des milliers de virus.

Nous devons cette prise de conscience au jackalope. Le mythe du jackalope fut un des indices qui permit aux virologues de découvrir que certains virus peuvent être une cause de cancer. Dans les années 1960, un des virus les plus étudiés était le virus de la leucose aviaire. À cette époque, le virus ravageait les élevages de poulets et menaçait l'industrie de la volaille tout entière. Les scientifiques découvrirent que le virus de la leucose aviaire appartenait à un groupe d'espèces de virus appelées rétrovirus. Les rétrovirus injectent leur matériel génétique dans l'ADN de leur cellule hôte. Quand la cellule hôte se divise, elle copie l'ADN du virus avec le sien. Dans certaines conditions, la cellule est obligée de produire de nouveaux virus – au complet, avec leurs gènes et leur coque en protéines – qui peuvent s'échapper et infecter de nouvelles cellules. Si les rétrovirus injectent leur matériel génétique au mauvais endroit dans le génome de leurs cellules hôtes, ils peuvent parfois les rendre cancéreuses. Les rétrovirus ont des « interrupteurs » génétiques qui commandent à leurs hôtes de fabriquer des protéines à partir des gènes environnants. Parfois, ces interrupteurs activent des gènes qui ne devraient pas l'être, provoquant un cancer.

Le virus de la leucose aviaire se révéla être un rétrovirus bien étrange. À l'époque, les scientifiques dépistaient la présence du virus en cherchant la présence d'une de ses protéines dans le sang des poulets. Parfois, ils trouvaient cette protéine dans le sang de poulets parfaitement sains, qui n'avaient jamais développé de cancer. Encore plus étrange, des poulets sains pouvaient produire des poussins en bonne santé, également porteurs de la protéine.

Robin Weiss, un virologue qui travaillait alors à l'université de Washington, se demanda si les virus n'étaient pas devenus une partie permanente et inoffensive de l'ADN des poulets. Weiss et ses collègues traitèrent des cellules de poulets sains avec des composés chimiques et des rayonnements produisant des mutations, pour voir s'ils pouvaient forcer les virus à sortir de leur cachette. Exactement comme ils s'y attendaient, les cellules mutantes commencèrent à produire des virus de la leucose aviaire en masse. En d'autres termes, l'infection de ces poulets sains par le virus de la leucose aviaire ne se limitait pas à quelques-unes de leurs cellules : les instructions génétiques pour fabriquer le virus étaient implantées dans *toutes* les cellules de leur corps, et ils transmettaient ces instructions à leurs descendants.

Ces virus cachés n'étaient pas cantonnés à une race un peu excentrique de poulets. Weiss et d'autres scientifiques découvrirent le virus de la leucose aviaire dans de nombreuses races, ce qui amenait à penser que le virus était une partie ancestrale de l'ADN du poulet. Pour déterminer quand le virus de la leucose aviaire avait infecté les ancêtres des poulets actuels, Weiss et ses collègues se rendirent dans les jungles de

Malaisie. Là, ils capturèrent des coqs bankiva, les plus proches cousins sauvages du poulet. Weiss découvrit que les coqs bankiva étaient eux aussi porteurs du virus de la leucose aviaire. Et, lors d'expéditions ultérieures, que d'autres espèces de coqs sauvages n'étaient, elles, pas porteuses du virus.

Les études sur le virus de la leucose aviaire permirent de formuler une hypothèse sur les circonstances de son association avec les poulets. Il y a des milliers d'années, le virus était un fléau pour les ancêtres des poulets domestiques et des coqs bankiva. Il envahissait des cellules, faisait des copies de lui-même, et infectait de nouveaux oiseaux, en laissant derrière lui des tumeurs. Mais chez au moins un de ces oiseaux, les choses se passèrent autrement. Au lieu de donner le cancer à l'oiseau, le virus fut tenu en échec par son système immunitaire. En se propageant sans dommages dans le corps de l'oiseau, il infecta ses organes reproducteurs. Cet oiseau infecté se reproduisit, et son œuf fécondé incorpora ainsi l'ADN du virus à ses propres gènes.

Tandis que l'embryon infecté grandissait et se divisait, toutes ses cellules héritèrent de l'ADN du virus. Lorsque le poussin sortit de l'œuf, il était en partie poulet, en partie virus. Et le virus faisant désormais partie intégrante de son propre génome, il transmit l'ADN du virus à sa propre progéniture. Le virus resta un passager silencieux de génération en génération, durant des milliers d'années. Mais dans certaines conditions, le virus pouvait se réactiver, provoquant des tumeurs, et se propager à d'autres oiseaux.

Les scientifiques s'accordèrent pour dire que ce nouveau virus constituait sa propre classe. Ils le nommèrent « rétrovirus endogène », endogène signifiant « généré à l'intérieur ». Ils trouvèrent bientôt des rétrovirus endogènes chez d'autres animaux. En fait, ces virus sont tapis dans les génomes de tous les grands groupes de vertébrés, des poissons aux reptiles en passant par les mammifères. Certains des rétrovirus endogènes nouvellement découverts s'avérèrent causer le cancer, comme le virus de la leucose aviaire. Mais beaucoup d'autres non. Ils étaient handicapés par des mutations qui leur ôtaient la capacité à produire de nouveaux virus capables de s'échapper de leur cellule hôte. Ces virus boiteux pouvaient cependant encore fabriquer des copies de leurs gènes, qui étaient de nouveau insérés dans le génome de leur hôte. Et les scientifiques découvrirent également des rétrovirus endogènes si criblés de mutations qu'ils ne pouvaient plus rien faire du tout. Ils n'étaient devenus rien d'autre qu'un bagage dans le génome de leur hôte.

Dans l'état actuel des connaissances, aucun rétrovirus endogène n'est actif dans le génome humain. Mais un chercheur de l'Institut Gustave Roussy à Villejuif, Thierry Heidmann, est parvenu avec ses collègues à faire en sorte que ce bagage génétique redevienne un virus à part entière. Alors qu'il étudiait un rétrovirus endogène, Heidmann remarqua que différentes personnes portaient des versions légèrement différentes. Ces différences apparurent vraisemblablement après qu'un rétrovirus fut piégé dans le génome de l'un de nos ancêtres. Chez ses descendants, ce virus fut frappé par des mutations en différentes parties de son génome.

Heidmann et ses collègues comparèrent les variants de la séquence[4] virale. C'est comme s'ils avaient trouvé quatre copies d'une pièce de Racine, chacune ayant été transcrite par un copiste plus ou moins consciencieux. Chaque copiste pourrait avoir introduit son propre lot d'erreurs. Par exemple, chaque copie pourrait avoir une version différente d'un mot: poirquoy, porquoi, pourque et pourquei. En comparant les quatre versions, un historien pourrait reconstituer le mot original: « pourquoy », ancienne forme du mot « pourquoi ».

Grâce à cette méthode, Heidmann et ses pairs furent capables de reconstituer la séquence d'ADN originale à partir des versions mutées que l'on trouve chez les humains aujourd'hui. Ils synthétisèrent ensuite un morceau d'ADN avec une séquence correspondante et l'injectèrent dans des cellules humaines qu'ils cultivaient dans une boîte de Pétri. Certaines cellules produisirent de nouveaux virus qui infectaient d'autres cellules. En d'autres termes, cette séquence d'ADN avait été un virus vivant et fonctionnel. En 2006, Heidmann nomma le virus « Phœnix », en référence à l'oiseau mythologique capable de renaître de ses cendres.

Le virus Phœnix a probablement infecté nos ancêtres au cours du dernier million d'années. Mais nous portons aussi des virus bien plus anciens. Nous le savons car les scientifiques ont trouvé les mêmes virus tapis dans nos génomes et dans ceux d'autres espèces. Adam Lee, un

---

4. Une séquence est une succession de nucléotides constituant un acide nucléique – ADN ou ARN.

virologue à l'Imperial College de Londres, et ses collègues ont par exemple découvert dans le génome humain un rétrovirus endogène appelé ERV-L. Ce virus fut par la suite trouvé chez de nombreuses espèces, allant du cheval à l'oryctérope. L'arbre évolutif du virus que Lee et ses collègues purent dessiner reflétait celui de ses hôtes. Ce rétrovirus endogène semblait avoir infecté l'ancêtre commun de tous les mammifères possédant un placenta, il y a 100 millions d'années. Aujourd'hui, il perdure, chez les tatous, les éléphants ou les lamantins. Et chez nous.

Quand un rétrovirus endogène se fait piéger dans un organisme, il peut quand même fabriquer des copies de son ADN, qui sont alors insérées dans le génome de son hôte. Pendant des millions d'années, les rétrovirus endogènes ont envahi notre génome et se sont accumulés en quantités sidérantes. Chacun de nous porte dans son génome pas loin de cent mille fragments d'ADN provenant de rétrovirus endogènes, ce qui représente environ 8 % de notre ADN. Pour mettre ce nombre en perspective, rappelez-vous que les vingt mille gènes codant pour des protéines dans le génome humain ne représentent que 1,2 % de notre ADN. Les scientifiques ont aussi répertorié des millions de petits fragments d'ADN qui sont aussi copiés puis réinsérés dans le génome humain. Il est possible que nombre de ces fragments proviennent de rétrovirus endogènes. Pendant des millions d'années, l'évolution les a dépouillés, ne laissant que le strict nécessaire à la copie de l'ADN. En d'autres termes, notre génome est bourré de virus.

La plupart de cet ADN viral ne sert à rien, mais une partie fut réquisitionnée par nos ancêtres pour leur propre bénéfice. En fait, sans ces virus, aucun de nous n'aurait vu le jour.

En 1999, Jean-Luc Blond et ses collègues découvrirent un rétrovirus endogène qu'ils nommèrent HERV-W. Et ils furent surpris de constater que l'un de ses gènes pouvait encore produire une protéine. Cette protéine, appelée syncytine, se révéla jouer un rôle très important et très précis, non pas pour le virus, mais pour son hôte humain. On ne la trouvait que dans le placenta.

En synthétisant de la syncytine, les cellules de la couche externe du placenta peuvent se lier aux autres, tout en permetant à certaines molécules de continuer à passer à travers. Les scientifiques découvrirent que les souris fabriquaient de la syncytine aussi, ce qui leur permit de mener des expériences pour comprendre comment cette protéine fonctionnait. Lorsqu'ils supprimèrent le gène de la syncytine, aucun embryon de souris ne survécut jamais à la naissance. La protéine virale était essentielle pour extraire des nutriments du système sanguin maternel.

Les scientifiques cherchèrent la syncytine dans le placenta d'autres mammifères. Ils la trouvèrent. Mais ils n'étaient pas au bout de leurs surprises : cette surprenante protéine était en réalité multiple. Différents rétrovirus avaient infecté différentes lignées de mammifères à placenta. Dans certaines lignées, dont la nôtre, deux virus avaient produit deux versions de la protéine syncytine ; la plus récente remplaçant la plus ancienne.

Thierry Heidmann, qui a découvert nombre de ces protéines syncytine, propose un scénario pour expliquer la présence de tous ces virus dans le placenta. Il y a plus de 100 millions d'années, un ancêtre commun des mammifères fut infecté par un rétrovirus endogène. Il dompta la protéine syncytine originale et produisit le premier placenta de l'évolution. Au cours des millions d'années, ce premier mammifère à placenta donna naissance à de nombreuses lignées de descendants. Et ceux-ci continuèrent à être infectés par des rétrovirus endogènes. Dans certains cas, les nouveaux virus possédaient aussi un gène de la syncytine, qui produisait de meilleures protéines pour le placenta. Différentes lignées de mammifères – rongeurs, chauve-souris, vaches, primates – s'échangèrent les différentes versions de la protéine virale.

Dans nos moments les plus intimes, quand une vie nouvelle émerge d'une plus ancienne, les virus sont essentiels à notre survie. Il n'y a pas de distinction entre nous et eux. Juste un mélange graduellement changeant d'ADN.

Troisième partie

LE FUTUR VIRAL

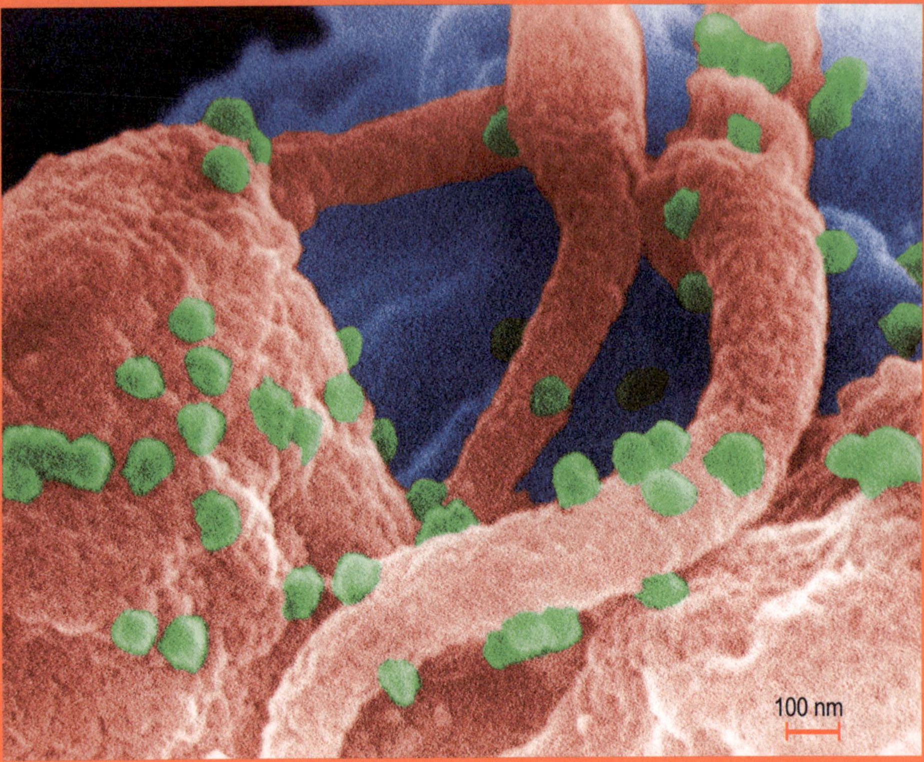

Le virus de l'immunodéficience humaine (VIH) à la surface d'un globule blanc CD4.

Le jeune fléau

Le virus de l'immunodéficience humaine et les origines animales des maladies

Chaque semaine aux États-Unis, les centres pour le contrôle et la prévention des maladies publient une lettre d'information intitulée *Rapport hebdomadaire de mortalité et morbidité*. L'édition du 4 juillet 1981 contenait son lot habituel de routine et de mystère. Parmi les mystères cette semaine-là, un rapport de Los Angeles signalait que les médecins avaient remarqué une coïncidence étrange. Entre octobre 1980 et mai 1981, les hôpitaux de la région avaient enregistré l'admission de cinq hommes, tous atteints de la même maladie rare, la pneumocystose.

La pneumocystose est une forme de pneumonie causée par un champignon commun, le *Pneumocystis jirovecii*. Les spores de *P. jirovecii* sont si abondantes que la plupart des gens en inhalent à un moment ou un autre dans leur enfance. Leur système immunitaire tue rapidement le champignon et produit des anticorps pour parer à toute future infection. Mais chez les personnes dont le système immunitaire est affaibli, *P. jirovecii* fait des ravages. Les poumons se remplissent d'eau et se retrouvent sévèrement marqués. La pneumocystose rend la respiration très difficile pour ses victimes, qui doivent lutter pour inhaler suffisamment d'oxygène pour rester en vie. Les cinq patients de Los Angeles n'avaient pas le profil type des victimes de la pneumocystose. Il s'agissait de jeunes hommes en parfaite santé jusqu'à l'apparition de la pneumonie. Dans un commentaire, les éditeurs du *Rapport hebdomadaire de mortalité et morbidité* se demandèrent si les symptômes intrigants des cinq hommes « *suggéraient la possibilité d'un dysfonctionnement de l'immunité cellulaire* ».

Ils étaient loin de se douter que leur publication contenait les premières observations de ce qui deviendrait la plus grande épidémie de l'histoire moderne. Les cinq hommes de Los Angeles souffraient effectivement d'un dysfonctionnement de l'immunité cellulaire, causé par un virus qu'on nommerait plus tard virus de l'immunodéficience humaine (VIH). Les chercheurs devaient découvrir que le VIH infectait la population en silence depuis plus de cinquante ans. Après sa découverte dans les années 1980, le virus allait infecter plus de soixante millions de personnes. Pour en tuer près de la moitié.

Le nombre de morts du VIH est d'autant plus terrifiant que le virus n'est pas si facile à attraper. Vous n'attraperez pas le VIH si une personne infectée éternue près de vous ou vous serre la main. Le VIH se répand à travers certains fluides corporels, comme le sang et le sperme. Des rapports sexuels non protégés peuvent transmettre le virus. Du sang contaminé peut infecter les gens *via* des transfusions. Des mères infectées peuvent transmettre le VIH à leurs fœtus. Des héroïnomanes contractent le virus en partageant des aiguilles infectées.

Une fois que le VIH entre dans le corps d'une personne, il a l'audace de s'attaquer au système immunitaire lui-même. Il s'agrippe à certains types de cellules immunitaires, appelées cellules T CD4, et fait fusionner leurs membranes comme deux bulles de savon collées l'une à l'autre. Comme d'autres rétrovirus, il insère son propre matériel génétique dans le génome de la cellule. Ses gènes et protéines manipulent et prennent les commandes de la cellule, l'amenant à faire de nouvelles copies du VIH, qui s'échappent et peuvent infecter d'autres cellules.

Au début, la population de VIH dans le corps d'une personne explose rapidement. Une fois que le système immunitaire reconnaît les cellules infectées, il commence à les tuer, réduisant ainsi la population de virus. Pour la personne infectée, la bataille ressemble à une légère grippe. Le système immunitaire parvient à exterminer la majorité du VIH, mais une petite fraction de virus parvient à survivre en faisant profil bas. Les cellules T CD4 dans lesquelles ils se cachent continuent de croître et de se diviser. De temps en temps, une cellule T CD4 infectée se réveille et lâche une salve de virus qui infecte de nouvelles cellules. Le système immunitaire endigue ces nouvelles attaques. Mais avec le temps, il s'épuise et s'effondre.

L'effondrement d'un système immunitaire peut se produire en moins d'une année ou prendre plus de vingt ans. Peu importe le délai, le résultat est le même : les gens ne peuvent plus se défendre contre des maladies qui n'auraient jamais fait de mal à quelqu'un ayant un système immunitaire sain. Au début des années 1980, une vague de personnes infectées par le VIH commença à se présenter dans les hôpitaux avec des maladies étranges, comme la pneumocystose.

Les médecins découvrirent les effets du VIH avant de découvrir le virus lui-même. Ils nommèrent la maladie « syndrome d'immunodéficience acquise », ou sida. En 1983, deux ans après la découverte des premiers malades, des scientifiques français isolèrent pour la première fois le VIH chez un patient atteint du sida. D'autres recherches confirmèrent que le VIH était bien la cause du sida. Pendant ce temps, les médecins identifiaient davantage de cas, aussi bien aux États-Unis qu'à l'étranger. D'autres grands fléaux, comme le paludisme et la tuberculose, sont de vieux ennemis, qui tuent des gens depuis des milliers d'années. Le VIH, lui, sortit de l'obscurité complète des années 1980 pour accéder au statut de fléau mondial en quelques années. Il y avait là un mystère épidémiologique.

Il allait falloir trois décennies aux scientifiques pour comprendre les origines du VIH dans ses grandes lignes. Les premiers indices furent fournis par des singes malades. Aux États-Unis, dans les centres de recherches sur les primates, les pathologistes remarquèrent que de nombreux animaux développaient des symptômes semblables à ceux du sida. Ils se demandèrent si les singes avaient été infectés par un virus comme le VIH. En 1985, des scientifiques des centres de recherches régionaux sur les primates de Nouvelle-Angleterre mélangèrent des anticorps anti-VIH avec du sérum de singes malades et découvrirent que les molécules se collaient à un virus encore inconnu de la science. On le connaît maintenant sous le nom de VIS, abréviation de virus de l'immunodéficience simienne. D'autres études révélèrent que des dizaines d'autres souches du VIS avaient infecté d'autres espèces de singes. Ces découvertes soulevèrent la possibilité d'une évolution du VIH à partir d'une souche ancestrale de VIS – mais on ne savait pas encore clairement laquelle.

En 1991, Preston Marx de l'université de New York, et ses collègues, trouvèrent un virus extrêmement proche du VIH chez un singe ouest-africain : le mangabey couronné (*Cercocebus atys*). Mais cette découverte ne fit que compliquer la question de l'origine du VIH. Dans les années 1980, des scientifiques se rendirent compte qu'on pouvait, sans se tromper, ranger le VIH dans deux groupes génétiques distincts. Ils nommèrent ces deux types VIH-1 et VIH-2. Le VIH-1 était très répandu sur la planète. Le VIH-2, en revanche, ne se rencontrait que dans certaines parties d'Afrique de l'Ouest, où il était beaucoup moins agressif. La souche du VIS que Marx avait trouvée chez les mangabeys couronnés était un proche parent du VIH-2. En fait, le VIS était encore plus proche du VIH-2 que ne l'était le VIH-1.

La découverte de Marx indiquait que le VIH n'avait pas qu'une seule origine. Au contraire : le VIH-2 avait évolué de manière indépendante à partir du VIS du mangabey couronné. Le VIH-1, quant à lui, avait évolué à partir d'une souche qui restait encore à découvrir. Plus les scientifiques étudiaient le VIS du mangabey, plus le tableau devenait complexe. Ils découvrirent de nouvelles souches de VIS plus proches de certaines lignées du VIH-2 que d'autres. Cela révélait que le VIS du mangabey couronné n'avait cessé de passer à l'humain pour donner le VIH-2 : il l'avait fait à neuf reprises au total.

Personne ne fut le témoin de ces neuf sauts. Mais nous savons de façon presque certaine comment ils survinrent. En Afrique de l'Ouest, beaucoup de gens ont des mangabeys couronnés comme animaux de compagnie. Il est également fréquent que des chasseurs tuent des singes et vendent leur viande. Le virus a pu passer du singe à l'homme à chaque contact sanguin – quand un mangabey mordait un chasseur, par exemple, ou quand un boucher préparait sa viande. Le VIS put alors infecter les cellules hôtes, se répliquer, et s'adapter à son nouvel hôte.

Décrypter les origines du VIH-1, la principale source d'infection, prit plus de temps. En 1989, Martine Peeters, une virologue de l'Institut de recherche pour le développement et de l'université de Montpellier, et ses collègues, découvrirent un virus similaire au VIH-1 chez des chimpanzés en captivité au Gabon. Pour étudier le virus dans la nature, les chercheurs mirent le cap vers les forêts d'Afrique équatoriale. Ils ne cherchèrent pas à prélever des échantillons de sang – les chimpanzés tendent à fuir notre présence, ils sont forts et n'apprécient pas particulièrement les gens munis de seringues. En revanche, ils recueillirent les matières fécales déposées par les singes sous les arbres où ils dormaient. De retour au laboratoire, les scientifiques cherchèrent des virus dans les selles. Ils isolèrent des souches de VIS dans toutes les populations de chimpanzés, du Cameroun, à l'ouest, à la Tanzanie, à l'est. Mais ils ne trouvèrent de proche parent du VIH-1 que chez des chimpanzés vivant dans le sud du Cameroun. En 1999, quand des scientifiques dessinèrent l'arbre de l'évolution des virus, ils se rendirent compte que l'histoire du VIH-1 était similaire à celle du VIH-2, avec plusieurs origines plutôt qu'une seule.

Pour les chercheurs, les virus VIH-1 du monde s'organisaient en quatre groupes. Le groupe M (abréviation de *main*, « principal » en anglais) est responsable de 90 pour cent des cas de VIH-1. Les autres groupes, N, O, et P, sont plus rares. Peeters et ses collègues découvrirent que l'une des souches VIS de chimpanzés du Cameroun était proche du groupe M. Un autre virus du chimpanzé correspondait au groupe N. Leurs découvertes ne permettaient pas d'expliquer l'existence des groupes O et P.

Pendant que Peeters et ses collègues arpentaient les forêts en quête de selles de chimpanzés, ils gardèrent un œil sur les autres primates. Des gorilles avaient fait leur nid dans l'une des forêts explorées. Les scientifiques prélevèrent leurs selles et les rapportèrent aussi à leur laboratoire pour les étudier. Et en 2006, ils annoncèrent que les gorilles du Cameroun avaient le VIS eux aussi.

Peeters et ses collègues avaient trouvé que le VIS du gorille tire son origine des chimpanzés. Pour mieux comprendre le lien entre le VIS du gorille et les virus des chimpanzés et des humains, ils entreprirent de collecter systématiquement les selles de gorilles dans leur périmètre. En étudiant plus de 3 000 échantillons de selles de gorilles, ils ne parvinrent pas à trouver de VIS de gorille en dehors du Cameroun. Au Cameroun, en revanche, c'était une autre histoire. Ils y trouvèrent encore plus de VIS de gorille. En 2015, Peeters et ses collègues annoncèrent que deux de ces nouvelles lignées de VIS de gorille étaient les ancêtres des VIH-1 O et P, les deux derniers groupes qui restaient à identifier.

Le groupe P est la forme la plus rare du VIH, puisqu'on ne l'a isolée que chez deux personnes au Cameroun. Du point de vue de l'évolution, le VIH du groupe P semble avoir été un échec : le virus est mal adapté à l'infection des humains. Le groupe O, en revanche, semble plus performant. On estime à 100 000 le nombre de personnes qu'il a infectées au Cameroun. Quand les scientifiques étudièrent la biologie du virus, ils découvrirent qu'il se multiplie aussi bien chez l'humain que le VIH du groupe M. Avec la découverte du VIS du gorille, l'arbre évolutif du VIH est désormais clair. Le VIS est passé à notre espèce à treize reprises – neuf fois pour les souches du VIH-2, et quatre pour le VIH-1.

Mais quand ces sauts ont-ils eu lieu ? Pour comprendre le déroulement des événements, les scientifiques consultèrent les dossiers de patients morts mystérieusement avant que le VIH ne soit découvert. En 1988, par exemple, les chercheurs découvrirent qu'un marin norvégien du nom d'Arvid Noe, mort en 1976, avait été infecté par le VIH-1 du groupe O. En 1998, David Ho et ses collègues de l'université Rockefeller isolèrent le VIH-1 du groupe M dans le sang prélevé sur un patient de Kinshasa en 1959. En 2008, Michael Worobey et ses collègues de l'université de l'Arizona découvrirent un autre échantillon de VIH-1 du groupe M dans une autre collection d'échantillons prélevés à Kinshasa en 1960.

Pour remonter encore plus loin dans le temps, les scientifiques décodèrent l'histoire du VIH, inscrite dans son génome. En se répliquant, le virus accumule des mutations qui s'empilent à une fréquence régulière, comme les grains de sable dans un sablier. En mesurant la hauteur de ce tas de sable génétique, les scientifiques purent estimer le temps écoulé. En utilisant cette méthode, ils découvrirent que les groupes M et O du VIH-1 sont apparus au début des années 1900. (Il n'y a pas assez de données disponibles pour estimer la date d'apparition des autres lignées de VIH.)

Toutes les données accumulées permettent d'expliquer avec une quasi-certitude le début, ou plutôt les débuts du VIH-1. Des virus similaires au VIH-1 étaient en circulation chez des populations de chimpanzés dans toute l'Afrique. Un gorille contracta un jour le VIS d'un chimpanzé, probablement au cours d'une sanglante bataille pour un figuier plein de fruits bien mûrs au Cameroun. Pendant des siècles, des chasseurs tuèrent des chimpanzés et des gorilles pour leur viande. Occasionnellement, ils étaient contaminés par le VIS des primates. Mais ces chasseurs, vivant dans un relatif isolement jusqu'au XXe siècle, constituèrent une impasse pour la propagation des virus. Certains guérissaient des infections par le VIS, car leur système immunitaire parvenait à venir à bout de ces parasites mal adaptés. Dans d'autres cas, les virus s'éteignaient avec la mort de leur hôte, incapables d'en atteindre un nouveau.

Les changements spectaculaires survenus en Afrique au début des années 1900 offrirent au VIS de nouvelles occasions de se propager chez les humains. Le commerce le long des rivières permit aux gens de se déplacer des villages vers les villes, emportant leurs virus avec eux. Les colonies en Afrique centrale devinrent des villes de dix mille habitants ou plus, fournissant au virus des chances supplémentaires de passer d'un hôte à l'autre. Une souche de VIS du chimpanzé infiltra cette population croissante et devint le VIH-1 du groupe M. Et, *via* un gorille, une autre souche s'adapta à l'humanité : le VIH-1 du groupe O.

Tandis que ces deux virus se répliquaient dans leurs hôtes humains, ils mutaient, et certaines de ces mutations facilitèrent leur prolifération. Pour devenir des virus efficaces, chaque souche dut vaincre les puissantes défenses du système immunitaire humain. Quand le VIH se réplique, les nouveaux virus doivent échapper à leurs cellules hôtes pour continuer de proliférer. Nos cellules produisent une protéine, la tétherine, qui saisit les virus et les ancre dans la cellule où ils se sont formés. Les deux souches du VIH-1 adoptèrent des stratégies évolutives différentes pour échapper à l'étreinte de la tétherine.

Au cours de leurs premières décennies d'existence, les VIH-1 du groupe M et du groupe O se développèrent lentement au Cameroun. Le groupe O, le virus du gorille, ne parvint jamais à s'échapper. Mais le groupe M eut un coup de chance. Vers le milieu du XXe siècle, le virus se débrouilla pour voyager jusqu'à Kinshasa (alors nommée Léopoldville). Le virus se répandit rapidement dans les bidonvilles surpeuplés. Voyageant le long des rivières et des voies de chemin de fer, des personnes contaminées gagnèrent d'autres grandes villes d'Afrique centrale, comme Brazzaville, Lubumbashi et Kisangani. Dès 1960, le VIH-1 du groupe M avait enjambé l'Afrique.

Quelque temps après, après l'indépendance du Congo belge, des travailleurs haïtiens quittèrent le pays pour regagner leur patrie, ce qui permit au VIH-1 du groupe M de se répandre en Haïti. Dans les années 1970, des immigrants haïtiens ou des touristes américains, sans doute, rapportèrent le VIH aux États-Unis. Soit une quarantaine d'années après son établissement chez les humains et dix ans avant les cinq cas étranges de pneumonie à Los Angeles.

En d'autres termes, lorsque les scientifiques identifièrent le VIH en 1983, le virus était déjà devenu, secrètement, une catastrophe majeure. Et le temps qu'ils commencent à le combattre, le VIH avait déjà pris beaucoup d'avance. Le nombre annuel de décès augmenta dans les années 1980 et 1990. Certains scientifiques prédirent une fin rapide pour le virus avec un vaccin, mais une série d'expériences ratées anéantit leurs espoirs.

Il fallut des années d'efforts soutenus pour contenir la lame de fond du VIH. Les services de santé publique découvrirent qu'on pouvait réduire la transmission du virus grâce à des politiques sociales, comme l'utilisation contrôlée des seringues et la distribution de préservatifs. Plus tard, la mise au point de puissants médicaments anti-VIH contribua énormément à ce combat. Aujourd'hui, des millions de personnes prennent un cocktail de médicaments qui interfèrent avec la capacité du VIH à infecter les cellules immunitaires et à s'en servir pour se répliquer. Dans les pays riches, comme aux États-Unis, ces thérapies ont permis à des personnes de vivre en relative bonne santé. Depuis que les gouvernements et des organisations privées délivrent ces médicaments à des pays plus pauvres, les victimes du VIH y vivent également plus longtemps. Le nombre de décès annuel dus au VIH a culminé à 2,5 millions de personnes en 2005. Il décline lentement depuis. En 2013, il était tombé à 1,5 million de personnes.

En théorie, le monde pourrait réduire ce nombre à zéro. Un vaccin anti-VIH demeure la meilleure arme pour atteindre ce but, et de récentes recherches ont renouvelé l'espoir qu'une formule efficace puisse arriver bientôt. Augmenter l'utilisation des médicaments anti-VIH pourrait également aider, en diminuant la présence de virus chez les personnes déjà infectées. Mais de nombreux chercheurs explorent aussi la biologie et l'histoire du VIH, dans l'espoir de trouver une caractéristique du virus qui pourrait devenir son talon d'Achille. Aujourd'hui, nous comprenons si bien le VIH que nous pouvons voir les étapes moléculaires à travers lesquelles il s'est adapté à notre espèce il y a un siècle. Il est peut-être possible d'enrayer ces adaptations. Autrement dit, le futur du combat contre le VIH réside peut-être dans son passé.

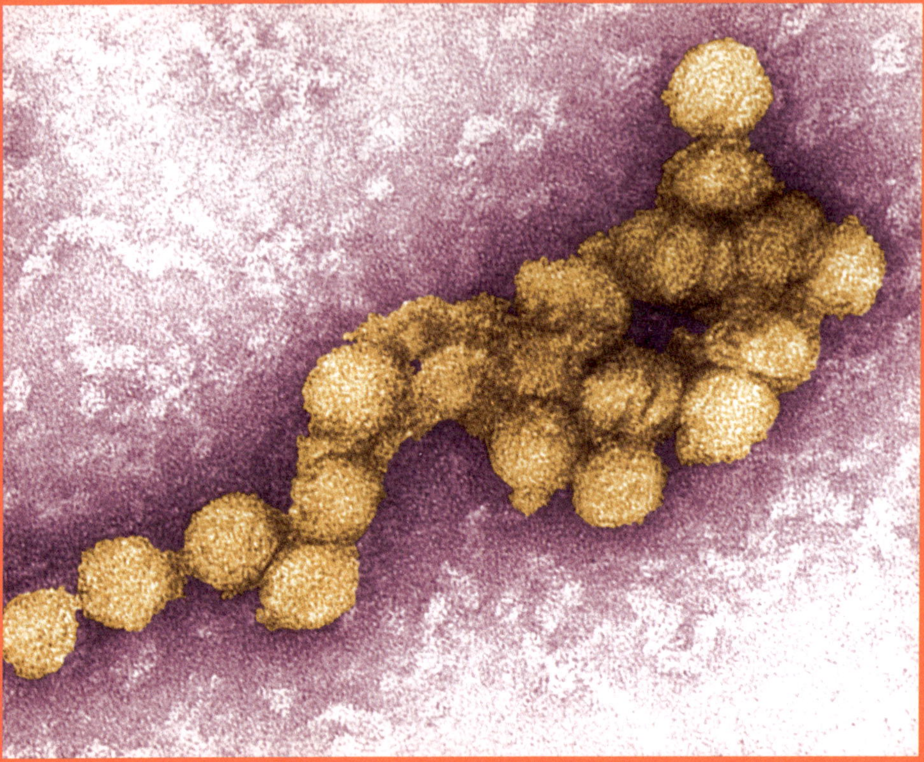

Le virus du Nil occidental dans une suspension.

La conquête de l'Ouest

La globalisation du virus du Nil occidental

Durant l'été 1999, les corbeaux commencèrent à mourir.

Tracey McNamara remarqua les corbeaux morts gisant à terre dans le zoo du Bronx, où elle travaillait en tant que pathologiste en chef. La vue des oiseaux l'inquiéta. McNamara avait peur qu'un nouveau virus ne soit en train de se propager parmi les oiseaux de New York. Si les corbeaux mouraient, les oiseaux du zoo pouvaient mourir aussi.

Durant le week-end de la fête du Travail, ses pires craintes se réalisèrent. Trois flamants roses moururent subitement. Ainsi qu'un faisan, un pygargue à tête blanche et un cormoran. Des employés du zoo rapportèrent les cadavres d'oiseaux à McNamara, qui les examina pour savoir ce qui les avait tués. Ils montraient les signes évidents d'une infection causant des saignements au cerveau. Mais McNamara n'arrivait pas à déterminer quel agent pathogène était responsable de l'infection, aussi expédia-t-elle des échantillons à des laboratoires gouvernementaux. Les scientifiques y testèrent l'un après l'autre les agents pathogènes variés pouvant être en cause. Durant des semaines, les tests restèrent négatifs.

Pendant ce temps, dans le Queens, des médecins assistaient avec inquiétude à une recrudescence de cas d'encéphalites, une inflammation du cerveau. Normalement, on enregistrait neuf cas par an dans toute la ville de New York. Mais en août 1999, les médecins répertorièrent huit cas en un seul week-end. L'été déclinant, de nouveaux cas se déclarèrent. Les patients souffraient de fièvres si intenses qu'ils en devenaient paralysés. Les premiers tests semblaient incriminer une maladie virale appelée encéphalite de Saint-Louis, mais ces résultats ne furent jamais confirmés par des tests ultérieurs.

Alors que les médecins luttaient pour comprendre l'épidémie humaine, le voile se leva enfin sur le mystère de Tracey McNamara. Le laboratoire de l'Iowa des Services vétérinaires nationaux parvint à cultiver des virus à partir d'échantillons qu'elle avait envoyés depuis le zoo. Ils ressemblaient au virus de l'encéphalite de Saint-Louis. McNamara se demanda alors si les humains et les oiseaux n'étaient pas en train de succomber au même agent pathogène. Elle convainquit les Centres pour le contrôle et la prévention des maladies (Centers for Disease Control and Prevention, CDC) d'analyser le matériel génétique du virus. Le 22 septembre, les chercheurs des CDC furent abasourdis de constater que les oiseaux n'étaient pas morts de l'encéphalite de Saint-Louis. Le coupable était en réalité un agent pathogène appelé virus du Nil occidental, qui infecte les humains et les animaux dans des régions d'Asie, d'Europe et d'Afrique. Personne n'avait imaginé que les oiseaux du zoo du Bronx étaient en train de mourir du virus du Nil occidental car il n'avait encore jamais été observé dans l'hémisphère occidental.

Déconcertés par les cas humains d'encéphalite, les services de santé publique décidèrent qu'il était aussi temps pour eux aussi d'élargir les recherches. Deux équipes, l'une des CDC et l'autre menée par Ian Lipkin, qui travaillait alors à l'université de Californie à Irvine, isolèrent le matériel génétique des virus humains. C'était le même virus qui tuait les oiseaux : le virus du Nil. Et encore une fois, il prit les chercheurs par surprise. Personne n'en avait jamais souffert auparavant, que ce soit en Amérique du Nord ou du Sud.

Les États-Unis abritent de nombreux virus qui rendent les gens malades. Certains sont vieux, d'autres plus récents. Quand les premiers humains se frayèrent un chemin vers le continent américain, il y a quelque quinze mille ans, ils apportèrent de nombreux virus avec eux. Le papillomavirus humain, par exemple, garde les traces de son ancienne migration. Les souches du virus que l'on trouve chez les

Américains natifs sont plus étroitement liées entre elles qu'avec des souches de VPH ailleurs dans le monde. Leurs plus proches parents en dehors du Nouveau Monde sont les souches de VPH que l'on trouve en Asie, tout comme les plus proches parents des Américains natifs sont asiatiques.

Quand les Européens débarquèrent dans le Nouveau Monde, ils apportèrent une seconde vague de virus avec eux. De nouvelles maladies comme la grippe ou la variole éradiquèrent des millions d'Américains natifs. Au cours des siècles suivants, de nouveaux virus arrivèrent encore. Le VIH arriva aux États-Unis dans les années 1970 et à la fin du vingtième siècle, le virus du Nil occidental devint l'un des derniers immigrants.

La présence du virus du Nil occidental sur la planète n'avait été découverte que six décennies plus tôt. En 1937, une femme dans le district du Nil occidental en Ouganda arriva à l'hôpital avec une mystérieuse fièvre et les médecins isolèrent un nouveau virus dans son sang. Au cours des quelques décennies suivantes, les scientifiques dépistèrent ce même virus chez de nombreux patients au Proche-Orient, en Asie et en Australie. Mais ils découvrirent aussi que le virus du Nil occidental n'avait pas besoin des humains pour survivre. Les chercheurs dépistèrent le virus chez de nombreuses espèces d'oiseaux, où il pouvait se multiplier en quantités autrement plus importantes.

Au début, on ne comprenait pas la façon dont le virus passait d'un humain à l'autre, d'un oiseau à l'autre ou d'un oiseau à un humain. Ce mystère fut résolu quand les scientifiques débusquèrent le virus dans un animal complètement différent : le moustique. Quand un moustique porteur du virus pique un oiseau, il plonge la seringue qui lui sert de bouche dans la peau de l'animal. En buvant le sang, le moustique injecte de la salive dans la blessure. Et avec cette salive, il injecte le virus du Nil occidental.

Le virus commence par envahir des cellules de la peau de l'oiseau, y compris les cellules du système immunitaire censées le protéger des maladies. Ensuite, les cellules immunitaires chargées de virus rampent jusqu'aux ganglions lymphatiques, où elles relâchent leurs passagers, provoquant l'infection de nouvelles cellules immunitaires. À partir de là, elles se propagent dans le système sanguin et dans des organes comme la rate ou les reins. Il suffit de quelques jours pour qu'un virus d'une piqûre de moustiques se multiplie en des milliards d'exemplaires chez l'oiseau. En dépit de leur grand nombre, les virus du Nil occidental ne peuvent pas s'échapper tout seuls de l'oiseau. Ils ont besoin d'une voie de sortie – c'est ce que les scientifiques appellent un vecteur. Un moustique doit piquer l'oiseau infecté, aspirant un peu de son sang chargé de virus. Une fois qu'ils sont dans le moustique, les virus envahissent les cellules de son tube digestif. De là, ils peuvent être transportés jusqu'aux glandes salivaires de l'insecte, où ils sont prêts à être injectés dans un nouvel oiseau.

Les virus transmis par des vecteurs, comme le virus du Nil occidental, ont besoin d'être très polyvalents pour compléter leur cycle de vie. Le moustique et l'oiseau sont des hôtes fondamentalement différents, ils ont chacun une température corporelle propre, un système immunitaire propre et une anatomie propre. Le virus du Nil occidental doit pouvoir se développer dans les deux environnements pour compléter son cycle de vie. Les virus à transmission vectorielle sont aussi un défi pour les médecins et les services de santé publique qui veulent stopper leur propagation. Ces virus n'ont pas besoin que les gens soient en contact rapproché pour se propager : les moustiques leur donnent des ailes.

L'étude génétique sur le virus du Nil occidental suggère qu'il provient d'Afrique. En suivant les oiseaux qui migraient d'Afrique vers les continents du Vieux Monde, il se propagea à d'autres espèces d'oiseaux. En chemin, le virus infecta des humains. En Europe de l'Est, des épidémies se déclarèrent, provoquant des cas d'encéphalite. En 1996, une épidémie d'encéphalite frappa quatre-vingt-dix mille personnes en Roumanie, causant dix-sept morts. Ces nouvelles épidémies, d'abord en Europe puis plus à l'ouest, furent probablement dues au fait que le virus infectait des populations qui n'y avaient pas été préalablement exposées. À l'inverse, en Afrique, les gens peuvent être immunisés contre le virus après l'avoir contracté lorsqu'ils étaient jeunes.

On est frappé que le Nouveau Monde ait été épargné par le virus du Nil occidental si longtemps. Le flux de populations traversant l'Atlantique et le Pacifique n'était pas suffisant pour importer le virus sur le continent américain. Les scientifiques ne savent pas exactement comment le virus finit par atterrir à New York en 1999, mais ils ont quelques pistes. Les plus proches parents de la souche américaine du virus du Nil occidental sont des virus qui causèrent une épidémie chez les oiseaux en Israël en 1998. Il est possible que des trafiquants aient fait passer des oiseaux de compagnie du Proche-Orient à New York.

Un oiseau infecté seul n'aurait pas pu déclencher une épidémie à un niveau national. Les virus avaient besoin d'un nouveau vecteur pour se propager. Il se trouve que les virus du Nil occidental peuvent justement survivre dans le corps de 62 espèces de moustiques vivants aux États-Unis. Les oiseaux américains se révélèrent être des hôtes accueillants aussi. Au total, le virus a été retrouvé chez 150 espèces d'oiseaux américains. Quelques-unes, comme les merles d'Amérique, les geais bleus et les roselins familiers s'avérèrent être des incubateurs particulièrement efficaces.

En passant de l'oiseau au moustique et du moustique à l'oiseau, le virus du Nil occidental se propagea à travers tous les États-Unis en seulement 4 ans. Et sur son chemin, des millions de gens furent infectés. Environ 25 pour cent seulement des personnes qui attrapent le virus ont de la fièvre. Les scientifiques estiment qu'entre 1999 et 2013, plus de 780 000 personnes tombèrent malades du virus du Nil occidental. Parmi elles, 16 196 développèrent une encéphalite et on dénombre 1 549 morts officielles.

Après son arrivée aux États-Unis, le virus du Nil occidental adopta un cycle régulier, basé sur la biologie des oiseaux et des moustiques. Au printemps les oiseaux produisent de nouvelles générations d'oisillons qui sont des cibles sans défense pour les moustiques porteurs de virus. Le pourcentage d'oiseaux infectés augmentant durant l'été, de nombreux moustiques sont contaminés lorsqu'ils les piquent. Ces moustiques peuvent ensuite piquer des personnes qui passent du temps à l'extérieur durant les mois chauds de l'année, leur transmettant le virus du Nil occidental.

À l'Automne, quand les températures chutent, les moustiques meurent dans la plupart des États-Unis, et les virus ne peuvent plus se propager. Personne ne sait vraiment comment les virus font pour survivre à l'hiver sans insecte pour servir d'hôte. Il est possible qu'ils survivent en petit nombre chez des moustiques dans le sud, où les hivers sont moins rudes. Il est également possible que les moustiques infectent leurs propres œufs avec les virus du Nil occidental. Quand les œufs infectés éclosent au printemps suivant, la nouvelle génération est prête à recommencer à infecter des oiseaux.

Le virus du Nil occidental s'est tellement bien installé dans l'écosystème des États-Unis qu'il sera probablement impossible à éradiquer. Même si les médecins parvenaient à distribuer un vaccin empêchant les humains de devenir des hôtes, il pourrait encore prospérer parmi les oiseaux. Et la triste réalité, c'est qu'il n'y a pas de vaccin contre le virus du Nil occidental, et il n'y en aura peut-être jamais. Le virus infecte en effet un nombre considérable de personnes, mais cause relativement peu de cas d'encéphalite, et encore moins de décès. Vacciner une grande partie de la population des États-Unis aurait un coût phénoménal, largement supérieur à celui des soins dispensés aux quelques patients qui tombent malades.

L'histoire du virus du Nil occidental se répète maintenant avec l'arrivée d'un nouvel agent pathogène dans le Nouveau Monde. En décembre 2013, un nouveau virus né chez les moustiques pointa le bout de son nez dans les Caraïbes : le chikungunya. Avant cela, le virus n'avait jamais été observé que dans l'Ancien Monde, où il causait des symptômes douloureux proches de ceux de l'arthrite. Personne ne peut dire comment le chikungunya est arrivé dans le Nouveau Monde : par un moustique relâché d'un avion ou par un voyageur infecté. Les scientifiques n'ont qu'une piste : le matériel génétique du virus. La souche caribéenne du chikungunya est presque identique à celle qui a circulé en Chine et dans les Philippines. Le virus a traversé la planète, on ne sait comment.

Après ce grand saut, le virus explosa. Lors de sa seule première année dans le Nouveau Monde, le chikungunya causa environ un million d'infections. À la fin de 2014, il s'était étendu à de nombreuses îles des Caraïbes, perturbant leurs systèmes de soins. Mais il ne s'était pas encore établi en Amérique du Nord ou du Sud. Ce qui ne rassure pas vraiment les experts en santé publique. Des moustiques capables de transporter le virus pullulent sur le continent, et s'ils sont infectés, ils pourraient facilement propager le virus à des millions de personnes. En fait, ce n'est qu'une question de temps : le trafic aérien et maritime entre les Caraïbes et le continent américain est si important que les gens rapporteront un jour ou l'autre suffisamment de virus pour provoquer le début d'une nouvelle épidémie.

L'avenir s'annonce rose pour le virus du Nil occidental et les autres virus portés par des moustiques qui le suivent dans le Nouveau Monde.

Cela parce que le futur promet d'être chaud et humide. Le dioxyde de carbone et d'autres gaz à effet de serre sont en train d'augmenter la température moyenne. Les climatologues estiment que la température continuera de s'élever dans les décennies à venir, certaines régions étant exposées à des conditions plus humides et orageuses. Jonathan Soverow, du *Beth Israel Deaconess Medical Center,* et ses collègues ont examiné seize mille cas de virus du Nil occidental survenus entre 2001 et 2005, en notant les conditions météorologiques correspondantes aux épidémies. Ils ont constaté que les épidémies avaient tendance à se déclencher quand la météo était chaude et humide, avec des pluies fortes. Une météo chaude, pluvieuse et lourde permet aux moustiques de se reproduire plus vite et plus longtemps. Elle accélère aussi la croissance des virus chez les moustiques. Maintenant que le virus du Nil occidental s'est trouvé un nouveau foyer, les humains font en sorte qu'il s'y sente bien.

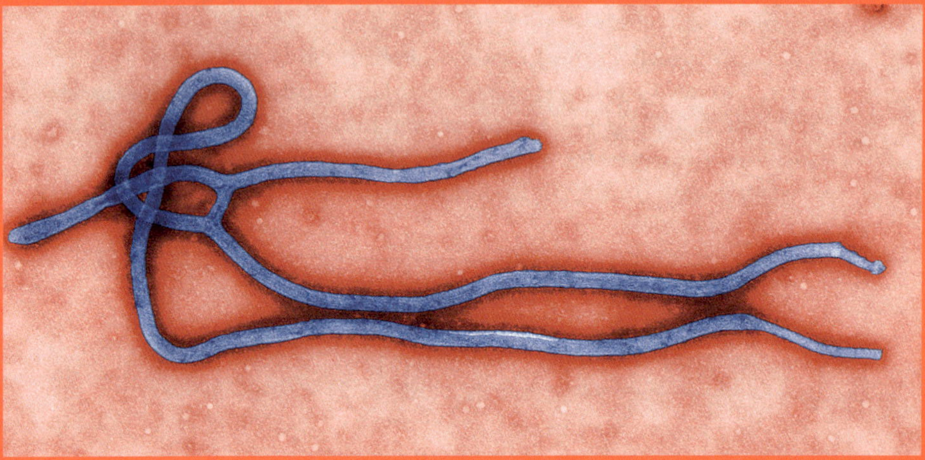

Le virus Ebola dans une suspension.

Prévoir le prochain fléau

Le virus Ebola et ses nombreux semblables

Le 2 décembre 2013, dans le village de Meliandou au sud-est de la Guinée, un garçon de deux ans tomba malade. Émile Ouamouno eut d'abord de la fièvre, puis commença à vomir violemment, avant de subir une diarrhée explosive et sanglante. Personne, à Meliandou, n'avait jamais vu une telle maladie auparavant. Sa famille essaya de le soigner de son mieux, mais le 6 décembre, il mourut. Le garçon avait été tué par un virus. Et, dans l'intervalle, les descendants de ce virus avaient atteint d'autres membres de sa famille. La sœur d'Émile, Philomène, âgée de quatre ans, développa les mêmes symptômes horribles et mourut. Ainsi que sa mère et sa grand-mère. Elles furent probablement infectées par la voie la plus cruelle qu'on puisse imaginer : en prenant soin du garçon mourant.

Si le virus s'était arrêté là, la tragédie familiale aurait peut-être pu passer inaperçue au-delà de Meliandou. Après tout, les gens meurent en nombre de virus et autres agents pathogènes variés en Guinée. Mais ce virus était différent. Il était extrêmement mortel, tuant environ 70 % des personnes qu'il infectait. La famille Ouamouno infecta une infirmière et la sage-femme du village, qui tombèrent malades elles aussi. Afin qu'elle pût être soignée par sa famille, la sage-femme fut conduite à Dandou Pombo, son village d'origine, où le virus se propagea. Pendant ce temps, les gens qui avaient assisté à l'enterrement de la grand-mère d'Émile Ouamouno rentrèrent dans leurs villages, pour y tomber malades également.

Et rapidement, l'épidémie devint internationale. Meliandou est situé près des frontières de la Guinée, de la Sierra Leone et du Liberia, et les gens passent régulièrement d'un pays à l'autre pour affaires ou voir leur famille. Très vite, la Sierra Leone et le Liberia connurent leurs propres épidémies. Mais, parce que le virus se répandait toujours dans des villages reculés nichés dans les forêts tropicales, personne dans le monde extérieur ne mesura le véritable danger. Ce n'est qu'en mars 2014 que les autorités médicales de Guinée annoncèrent finalement la cause de l'épidémie : un virus appelé Ebola.

Certains virus sont de vieux ennemis de notre espèce. Les rhinovirus provoquaient des rhumes chez les Égyptiens de l'Antiquité, et des rétrovirus endogènes envahissaient les génomes de nos ancêtres primates il y a des dizaines de millions d'années. D'autres virus sont plus jeunes. Le VIH, par exemple, est devenu un virus humain il y a environ un siècle. Et d'autres virus commencent tout juste à se frayer un chemin vers notre espèce, déclenchant des épidémies et suscitant la crainte de nouveaux fléaux à l'échelle mondiale. De tous ces virus récemment découverts, aucun n'inspire autant de terreur pour l'avenir qu'Ebola

Ebola fit ses débuts terrifiants en 1976. Dans une région reculée du Zaïre, des gens commencèrent à développer des fièvres et à vomir. Certaines victimes saignèrent de manière incontrôlable, par tous les orifices, même les yeux. Un médecin soignant une religieuse mourante mit des échantillons de son sang dans un thermos qu'il envoya d'abord à Kinshasa, puis en Belgique, par avion. Là, un jeune virologue du nom de Peter Piot examina les cellules infectées au microscope électronique et découvrit des essaims de virus en forme de serpents.

À l'époque, les virologues ne connaissaient qu'un seul autre virus en forme de serpent : le virus Marburg. Son nom vient de la ville de Marburg, en Allemagne, où des employés de laboratoire furent victimes de fièvres hémorragiques après avoir manipulé des singes importés d'Ouganda. Mais Piot sut que ce qu'il observait n'était pas le virus Marburg, mais un nouveau cousin. Piot et ses collègues furent si alarmés par la perspective d'une nouvelle maladie mortelle qu'ils partirent pour le Zaïre, jusqu'au village de Yambuku, pour enquêter sur l'épidémie. Ils trouvèrent une maison d'hôte où des religieuses et des prêtres s'étaient barricadés, avec une corde barrant l'accès à tout visiteur. Un panneau accroché à la corde indiquait : «*Arrêtez s'il vous plaît. Quiconque entre ici risque de mourir*».

Piot et son équipe menèrent une étude épidémiologique, pour déterminer quelles personnes étaient infectées et comment elles étaient tombées malades. Ils découvrirent rapidement les chemins que prenait le virus, alors encore anonyme, pour passer d'une personne à l'autre. Il ne flottait manifestement pas dans l'air comme les virus de la grippe ou des oreillons. En revanche, il circulait dans les fluides des victimes. Un hôpital local, qui réutilisait les seringues, propagea le virus à de nombreux patients. Les personnes qui soignèrent les malades et lavèrent les corps des morts tombèrent également malades.

Même si Ebola se révéla très meurtrier, sa propagation était relativement facile à interrompre. Piot et ses collègues fermèrent l'hôpital et mirent en quarantaine quiconque présentait les symptômes de la maladie. Après trois mois, l'épidémie prit fin, ayant fait 318 morts. Sans l'intervention de Piot, cela aurait pu être bien pire. Sa dernière action, durant son séjour, consista à nommer le virus. Il ne voulait pas accabler Yambuku de cette notoriété, alors il se tourna vers la rivière voisine, l'Ebola.

La même année, Ebola émergea une nouvelle fois au Soudan, et prit 284 vies. Il réapparut au Soudan trois ans plus tard et tua 34 personnes. Puis il disparut pendant quinze ans, avant de frapper à nouveau au Gabon en 1994 où il tua 52 personnes. À chaque nouvelle éruption, les successeurs de Piot en apprirent davantage sur les façons de stopper les nouvelles vagues d'Ebola, simplement en suivant les patients et en les isolant pour enrayer les nouvelles infections. Ils n'avaient aucun vaccin à proposer, ni de médicaments antiviraux pour soigner les personnes infectées.

De nombreux virus peuvent causer des épidémies subites si les conditions sont réunies. Mais une fois l'épidémie passée, un virus comme celui de la rougeole ou de la varicelle ne disparaît pas de notre espèce. Il ne fait que se calmer et continue à circuler à une fréquence plus faible. Ebola s'avéra différent. À la fin de chaque épidémie, le virus semblait disparaître. Des années pouvaient s'écouler avant qu'il ne revienne en une flambée meurtrière.

Un certain nombre de virologues commencèrent à chercher où se cachait Ebola durant ces années d'absence. Ils découvrirent que les gorilles et les chimpanzés se faisaient infecter eux aussi et mouraient d'Ebola à un taux élevé. Ils découvrirent également des anticorps anti-Ebola chez des chauves-souris qui semblaient tolérer le virus. Il est possible qu'en temps normal, Ebola circule parmi les chauves-souris sans faire de dégâts et ne se propage aux humains que de temps en temps.

Une chose est claire à propos d'Ebola : c'est un vieux virus, même s'il est nouveau pour nous. Des biologistes de l'évolution ont découvert des gènes de type Ebola intégrés dans le génome de hamsters et de campagnols. Tout comme les rétrovirus endogènes, ces cousins ancestraux d'Ebola infectèrent leurs hôtes rongeurs et laissèrent accidentellement derrière eux leur héritage génétique. Les hamsters et les campagnols ont partagé un ancêtre commun il y a plus de 16 millions d'années, ce qui signifie que Ebola a divergé de son plus proche parent – le virus Marburg – il y a au moins aussi longtemps.

En d'autres termes, des virus de la lignée d'Ebola circulent chez des hôtes mammifères depuis des millions d'années. Chez certaines espèces, ils se propagent de manière inoffensive, passant occasionnellement à une autre espèce, où leur biologie les rend meurtriers. Nous, humains, sommes l'hôte le plus récent dans les débordements d'Ebola. Il est possible que les gens contractent le virus Ebola quand ils mangent de la viande infectée, ou peut-être des fruits contaminés par de la salive de chauve-souris. Quelle que soit la manière dont Ebola pénètre dans notre corps, il envahit rapidement nos cellules immunitaires et provoque des inflammations massives. Le virus cause des écoulements fatals ; des quantités abondantes de diarrhée, de vomi, et parfois de sang.

Une fois qu'Ebola a pénétré dans le corps d'une personne, son destin dépend des actions de l'entourage de la première victime humaine. Les gens qui entrent en contact avec une personne infectée peuvent contracter Ebola et le transmettre à d'autres. Au cours des 37 années de son histoire documentée chez les humains, le virus s'est épuisé en quelques mois à chaque nouvelle épidémie, avec la mort ou la guérison de ses hôtes.

Mais pendant ces 37 années, l'environnement des humains a changé. La population de l'Afrique s'élevait à 221 millions de personnes en 1950, contre un peu plus d'un milliard aujourd'hui. Autrefois, il était difficile pour Ebola de s'étendre au-delà de quelques villages voisins. De nos jours, les forêts tropicales sont traversées par des routes, toujours plus nombreuses, permettant aux gens de se déplacer vers les villes, où Ebola peut trouver beaucoup plus d'hôtes à infecter. Mais dans des pays comme la Guinée, le Liberia et la Sierra Leone, ces changements rapides n'ont pas été accompagnés par le développement de services de santé publique corrects. Des années de guerre civile et de misère noire ont laissé ces pays avec peu d'hôpitaux ou de médecins. Lorsque les victimes d'Ebola commencèrent à arriver dans les hôpitaux, de nombreux professionnels de santé moururent, privant les pays de l'expertise nécessaire pour stopper l'épidémie.

Personne ne sait comment Émile Ouamouno attrapa Ebola, mais le virus qui se propagea de lui à sa famille créa ensuite la plus grande épidémie d'Ebola de l'histoire, tuant plus de personnes que toutes les épidémies d'Ebola précédentes. Elle se répandit dans les capitales de trois pays frappés – Conakry, Freetown et Monrovia – et, en l'espace de quelques mois, les hôpitaux débordèrent de victimes d'Ebola, à tel point qu'on commença à renvoyer les gens mourir chez eux. Les organismes de santé internationaux, distraits par d'autres virus, comme la grippe et la polio, échouèrent à reconnaître la véritable ampleur de l'épidémie et n'apportèrent pas leur aide à l'Afrique de l'Ouest, ce qui aurait pu ralentir l'épidémie. Les gouvernements d'Afrique de l'Ouest tentèrent de mettre en quarantaine des quartiers entiers de grandes villes ainsi que des régions rurales sans résultats tangibles. Le nombre de morts passa à un millier. Puis deux. Et ainsi de suite.

Ebola commença à se faufiler à bord des avions pour la première fois. Un diplomate infecté embarqua sur un vol pour le Nigeria, où le virus infecta, entre autres, son médecin. Un autre avion ramena une infirmière infectée en Espagne. Deux avions ramenèrent des cas cachés d'Ebola aux États-Unis, l'un à Houston, l'autre à New York.

Hors d'Afrique, les gens ne savaient pas grand-chose d'Ebola, et ce qu'ils en savaient était surtout tiré de références effrayantes ; des livres comme *Virus* de Richard Preston, ou des films de fiction comme *Alerte !* La peur balaya les États-Unis, où un sondage réalisé en octobre 2014 révéla que deux tiers des Américains craignaient qu'une épidémie d'Ebola ne frappât le pays, et que 43 pour cent étaient inquiets à l'idée de contracter personnellement la maladie. Des rumeurs se propagèrent, laissant croire qu'Ebola pouvait voyager dans l'air. Le 23 octobre, on apprit que le virus avait été dépisté chez un médecin de New York, fraîchement rentré de Guinée, où il avait traité des patients d'Ebola. Avant la manifestation de ses symptômes, il s'était rendu dans un bowling. Des lecteurs inquiets demandèrent au New York Times si une boule de bowling pouvait propager le virus. Le journaliste Donald McNeil Jr répondit promptement: «*Si quelqu'un avait déposé du sang, du vomi ou des selles sur une boule de bowling et que la personne suivante l'avait touchée, sans s'en rendre compte, et avait ensuite mis ses doigts dans ses yeux, son nez ou sa bouche, cela ne serait pas impossible.*» C'était une manière polie de dire non.

Malgré la panique, Ebola ne déclencha pas d'épidémies massives aux États-Unis. Ni ailleurs. Le Nigeria subit 20 cas et 8 morts avant d'arrêter le virus, en utilisant les mêmes mesures de santé publique que Piot et d'autres avaient mises au point durant les épidémies précédentes. Le Sénégal enregistra un seul cas, sans aucun décès. Le Mali mit aussi fin à sa propre épidémie. Ces pays sortirent vainqueurs de leur lutte contre Ebola car ils eurent le luxe d'être prévenus. Pendant ce temps, le Liberia, la Guinée et la Sierra Leone continuaient de subir les conséquences des débuts cachés de l'épidémie. Dans ces trois pays, l'incendie était déjà trop grand pour être éteint facilement.

Les épidémiologistes contemplaient avec anxiété la montée en flèche du nombre de cas. Ils firent des projections pour essayer d'estimer à quel point l'épidémie pouvait s'aggraver. En septembre 2014, les Centres pour le contrôle et la prévention des maladies prévinrent que, sans intervention supplémentaire, on compterait quelque 1,4 million de cas d'Ebola en janvier 2015.

Heureusement, un certain nombre de pays y compris les États-Unis, la Chine et Cuba commencèrent à envoyer des médecins et des fournitures. De nouveaux hôpitaux pour Ebola furent construits. Les agents de la santé publique encouragèrent les gens à enterrer les victimes d'Ebola de manière sûre, afin qu'ils ne meurent pas, eux aussi. Les efforts furent modestes et tardifs, mais, fin novembre, on put reprendre espoir: le taux de nouveaux cas commença à diminuer au Liberia et en Guinée. Au passage de la nouvelle année, l'épidémie continua de diminuer, de manière spectaculaire.

Cette épidémie prendra fin, mais ce ne sera pas la dernière. En septembre 2014, une équipe d'écologistes et d'épidémiologistes de l'université d'Oxford a mis au point une carte détaillée des lieux où Ebola serait le plus à même de se propager à l'avenir. Ils ont tenu compte de la variété d'espèces animales qui peuvent héberger le virus et des habitations humaines en croissance qui s'y superposent. La zone de contagion potentielle forme une ceinture épaisse à travers l'Afrique centrale, ainsi que des îlots de risque en Tanzanie, au Mozambique et même à Madagascar. En tout, 22 millions de personnes vivent dans la zone à risques d'Ebola. Bien que le risque que l'une de ces 22 millions de personnes contracte Ebola *via* un animal soit très faible, le danger que représente un tel événement est énorme. Et tant que la population d'Afrique grandira, ce danger grandira aussi.

Et encore, on ne parle que d'Ebola. Depuis sa découverte initiale en 1976, d'autres virus ont fait leurs débuts, émergeant à des milliers de kilomètres les uns des autres dans des circonstances fondamentalement différentes. En novembre 2002, par exemple, un fermier chinois souffrant d'une forte fièvre fut amené à l'hôpital. Il mourut rapidement après son admission. D'autres personnes de la même région de Chine commencèrent aussi à développer la maladie, mais cela ne fut porté à l'attention du reste du monde que lorsqu'un homme d'affaires américain développa une fièvre à bord d'un avion assurant une liaison entre la Chine et Singapour. L'avion se posa à Hanoï, où l'homme d'affaires mourut. Bientôt, des gens tombèrent malades dans de nombreux pays, la plupart des cas étant toutefois observés en Chine et à Hong Kong. La maladie tuait 10 % de ses victimes, généralement en l'espace de quelques jours seulement. L'épidémie était nouvelle pour la médecine ; il fallait lui trouver un nom. Les médecins l'appelèrent syndrome respiratoire aigu sévère, ou SRAS.

Des scientifiques commencèrent à prélever des échantillons sur les victimes du SRAS pour déterminer la cause de la maladie. Elle fut découverte par l'équipe dirigée par Malik Peiris, de l'université de Hong Kong. Dans une étude portant sur cinquante patients atteints du SRAS, les chercheurs trouvèrent un virus qui se développait chez deux individus. Le virus appartenait à un groupe appelé coronavirus, qui comporte des espèces qui peuvent causer des rhumes et des grippes intestinales. Peiris et ses collègues séquencèrent le matériel génétique du nouveau virus, puis cherchèrent des gènes équivalents chez les autres patients. Ils trouvèrent une correspondance chez 45 personnes.

En se basant sur leur expérience avec des virus tels que le VIH et Ebola, les scientifiques soupçonnèrent le virus du SRAS d'avoir évolué à partir d'un virus qui infecte les animaux. Ils commencèrent à analyser des virus d'animaux avec lesquels les gens, en Chine, sont en contact régulier. À chaque fois qu'ils découvraient de nouveaux virus, ils rajoutaient leurs branches sur l'arbre de l'évolution du SRAS. En quelques mois, les scientifiques avaient reconstitué l'histoire du SRAS.

Le virus fit probablement ses débuts chez des chauves-souris en Chine. Une lignée de virus commença à contaminer des civettes, des mammifères ressemblant à des chats. Les civettes étant communes sur les marchés d'animaux chinois, les humains devinrent probablement eux aussi des hôtes pour le virus de façon accidentelle. Il s'avéra que le virus avait les bonnes caractéristiques biologiques pour passer de personne en personne, et contrairement à Ebola, il pouvait voyager sur de fines gouttelettes portées par l'air.

Heureusement, les mêmes mesures de santé publique qui permirent de stopper les épidémies naissantes d'Ebola permirent aussi d'arrêter le SRAS, même après qu'il fut sorti d'Asie. Il causa environ huit mille cas et neuf cents morts avant de disparaître. Si on compare le bilan de l'émergence du SRAS avec celui de la grippe ordinaire – laquelle peut tuer en moyenne plus de 250 000 personnes par an – on peut dire que ce ne fut qu'un coup de semonce.

Une décennie plus tard, un autre coronavirus apparut en Arabie Saoudite. En 2012, des médecins dans des hôpitaux saoudiens remarquèrent que certains patients tombaient malades, victimes de troubles respiratoires qu'ils ne parvenaient pas à identifier. Près d'un tiers des patients moururent. On connaît maintenant la maladie sous le nom de coronavirus du syndrome respiratoire du Moyen-Orient, ou MERS-CoV. Les virologues purent rapidement isoler le virus qui causait la maladie. Une fois que les scientifiques parvinrent à lire les gènes du virus du MERS-CoV, ils purent rechercher ses proches parents chez d'autres espèces. Ils trouvèrent vite des virus apparentés chez des chauves-souris en Afrique.

Quant à savoir comment des chauves-souris africaines avaient pu causer une épidémie au Moyen-Orient, ce ne fut pas une question simple. Mais de nouveaux indices importants apparurent quand des scientifiques examinèrent les mammifères dont de nombreuses personnes au Moyen-Orient dépendent pour leur survie : les chameaux. Ils trouvèrent d'abord des chameaux truffés de virus du MERS-CoV qui suintaient en gouttes de mucus par leur nez. Une explication possible de l'origine du MERS-CoV serait que des chauves-souris aient transmis le virus à des chameaux en Afrique du Nord. Il existe un commerce florissant de chameaux entre l'Afrique du Nord et le Moyen-Orient. Un chameau malade pourrait avoir transporté le virus jusqu'à son nouveau domicile.

Tandis que les scientifiques reconstituaient l'histoire du MERS-CoV, il y avait toutes les raisons de craindre une épidémie globale encore pire que celle du SRAS. Chaque année, plus de deux millions de musulmans voyagent en Arabie saoudite pour le hajj, le pèlerinage annuel. Il était facile d'imaginer le virus du MERS-CoV se propageant sans peine dans les foules, puis voyageant avec les pèlerins qui retournaient dans leurs pays sur toute la planète. Mais jusqu'ici, cela ne s'est pas produit. En février 2015, 1 026 cas de MERS-CoV avaient été diagnostiqués, dont 376 mortels. Pratiquement tous les cas sont survenus en Arabie saoudite, surtout dans des hôpitaux. Il se pourrait que le MERS-CoV ne soit capable d'infecter que des personnes dont le système immunitaire est affaibli. À moins que le MERS-CoV n'évolue de manière radicale, il risque de devenir une menace dangereuse, mais rare, cantonnée aux hôpitaux du Moyen-Orient.

Nous serions mieux préparés pour faire face à ces urgences si elles ne nous prenaient pas toujours par surprise. Le prochain fléau commencera peut-être avec un autre virus encore, hébergé par un animal sauvage, et qui passera à notre espèce; un virus dont nous n'avons peut-être même pas encore entendu parler. Pour réduire cette ignorance, des scientifiques étudient des animaux, à la recherche de fragments de matériel génétique provenant de virus. Cette tâche est gigantesque. Ian Lipkin et ses collègues de l'université Columbia ont capturé 133 rats dans la ville de New York et découvert 18 nouvelles espèces de virus très proches d'agents pathogènes pour l'humain. Dans une autre étude, au Bangladesh, ils ont examiné une chauve-souris géante et tenté d'identifier chacun des virus qu'elle abritait. Ils en ont identifié 55 espèces, dont 50 inconnues de la science.

Si une de ces espèces de virus nouvellement découvertes devait créer une nouvelle épidémie, nous ne saurions dire laquelle. Mais cela ne veut pas dire que nous pouvons simplement ignorer ces virus. Au contraire, nous devons rester vigilants, afin de pouvoir les bloquer avant qu'ils n'aient l'occasion de faire le grand saut vers notre espèce.

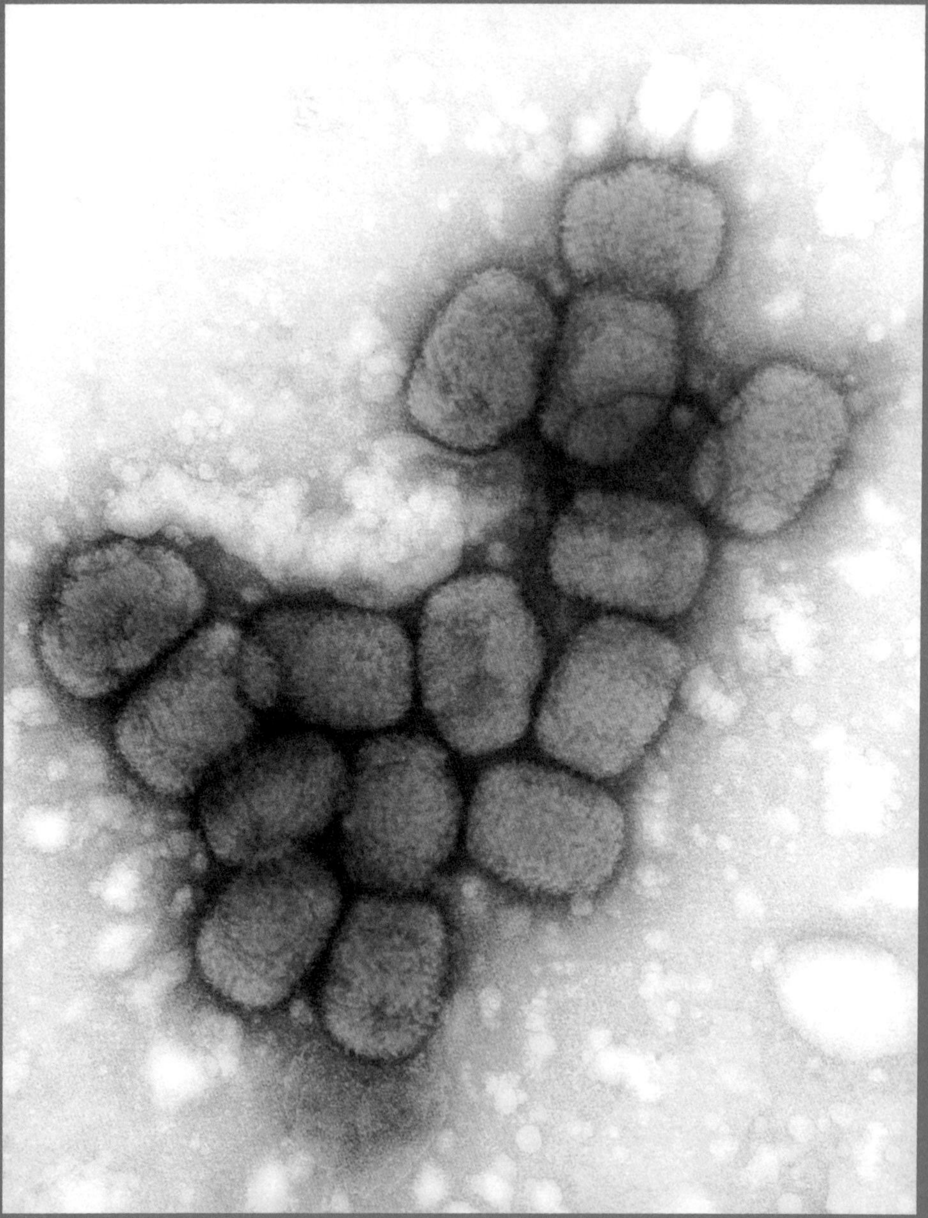

Le virus de la variole dans une suspension.

L'interminable adieu

La mort à retardement de la variole

Nous autres humains sommes doués pour créer des virus par accident, qu'il s'agisse d'un nouveau virus de la grippe concocté dans une ferme porcine ou du VIH né de virus de chimpanzés abattus. Par contre, nous sommes moins doués pour les faire disparaître. En dépit de tous les vaccins, médicaments antiviraux et stratégies de santé publique dont nous disposons, les virus parviennent quand même à échapper à l'annihilation. Généralement, le mieux que nous puissions faire est d'atténuer les dommages qu'ils causent. Les infections par le VIH par exemple, ont diminué aux États-Unis, mais cinquante mille Américains contractent quand même le virus chaque année. Grâce aux campagnes de vaccination, certains virus ont été éliminés de certains pays, mais ils peuvent quand même se développer dans d'autres régions du monde. En fait, la médecine moderne n'est parvenue à éliminer qu'une seule espèce de virus humain de la nature. Cet honneur revient au virus responsable de la variole.

Mais quel adversaire acharné ! Pendant ces trois derniers millénaires, la variole a probablement tué plus de personnes que n'importe quelle autre maladie sur Terre. Les médecins de l'Antiquité connaissaient bien la variole, car ses symptômes étaient clairs et bien visibles. Le virus infectait ses victimes en se glissant dans leurs voies respiratoires. Après une semaine environ, l'infection provoquait des frissons, une fièvre ardente, et des douleurs insoutenables. La fièvre retombait après quelques jours, mais le virus était loin d'en avoir fini. Des boutons rouges se développaient alors dans la bouche, sur le visage, puis sur le reste du corps. Les boutons se remplissaient de pus et causaient une vive douleur. À peu près un tiers des personnes qui avaient la variole finissaient par mourir. Chez les survivants, des croûtes se formaient par-dessus les pustules, et les malades étaient marqués à vie par de profondes cicatrices.

Il y a environ 3 500 ans, la variole laissa sa première empreinte encore visible sur l'humanité : trois momies de l'Égypte antique, criblées de cicatrices de pustules. De la Chine à l'Inde en passant par la Grèce antique, de nombreuses autres civilisations anciennes portent les marques de la colère de la variole. En 430 av. J.-C., une épidémie de variole balaya Athènes, tuant un quart de l'armée athénienne et un large pourcentage de la population de la ville. Au Moyen Âge, les croisés d'Europe la rapportèrent du Moyen-Orient. À chaque fois, le virus parvenait à contaminer de nouvelles populations sans défense avec des effets dévastateurs. En 1241, la variole aborda l'Islande, où elle foudroya vingt mille habitants sur les soixante-dix mille que comptait l'île. La variole s'établit durablement dans le Vieux Monde, ses villes grandissantes lui facilitant le passage d'un hôte à l'autre. Entre 1400 et 1800, on estime que la variole a tué cinq cents millions de personnes par siècle, rien qu'en Europe. Parmi les victimes figurent des souverains comme le tsar Pierre II de Russie, la reine Marie II d'Angleterre et l'empereur Joseph Ier d'Autriche.

Il fallut attendre que Christophe Colomb débarque au Nouveau Monde pour que les Américains natifs soient exposés pour la première fois au virus. Involontairement, les Européens apportèrent une arme biologique qui leur donna un avantage brutal sur leurs ennemis. Sans aucune forme d'immunité contre la variole, les Américains natifs succombèrent en masse lorsqu'ils y furent exposés. En Amérique centrale, on pense que 90 % de la population est morte de la variole dans les décennies qui suivirent l'arrivée des conquistadors espagnols au début des années 1500.

La première façon efficace de prévenir la propagation de la variole apparut probablement en Chine aux alentours de l'an 900. Pour immuniser une personne, les médecins frottaient la croûte d'une victime de la variole sur la peau d'une personne saine (parfois, les médecins administraient la variole en la faisant inhaler sous forme de poudre). Ce procédé, qui s'appellerait la variolisation, provoquait en général la formation d'une unique pustule sur le bras à l'endroit de l'inoculation. Une fois que la pustule se transformait en croûte, la personne variolisée était immunisée contre la variole.

Du moins, c'était l'idée. Assez souvent, la variolisation provoquait l'apparition d'autres pustules, et dans 2 % des cas, les gens mouraient – c'était toujours plus intéressant que d'avoir 30 % de chance de trépasser en attrapant la vraie maladie ! La variolisation se propagea à travers l'Asie, se déplaçant vers l'ouest en suivant les routes de commerces, jusqu'à ce que la pratique parvienne à Constantinople dans les années 1600. Quand les échos de son succès atteignirent l'Europe, les médecins commencèrent aussi à y pratiquer la variolisation. La pratique déclencha des objections religieuses : seul Dieu pouvait décider qui survivrait à la maladie redoutée. Malgré ces oppositions, les médecins organisèrent des expériences publiques. Zabdiel Boylston, un médecin de Boston, variolisa publiquement des centaines de personnes en 1721 durant une épidémie de variole. Il y eut plus de survivants parmi les participants à cet essai que parmi les personnes qui n'avaient pas été variolisées.

À cette époque, personne ne savait pourquoi la variolisation fonctionnait, car personne ne savait ce qu'étaient les virus, ni comment notre système immunitaire les combat. Le traitement de la variole évolua principalement par essais et erreurs. À la fin des années 1700, s'inspirant d'histoires de laitières qui semblaient immunisées contre la variole, le médecin britannique Edward Jenner inventa un vaccin plus sûr. Les vaches peuvent être infectées par la vaccine, un proche parent de la variole humaine. Jenner se demanda donc si cela offrait une protection. Il prit du pus de la main d'une laitière nommée Sarah Nelmes, et l'inocula dans le bras d'un garçon. Celui-ci développa quelques petites pustules, mais ne souffrit d'aucun autre symptôme. Six semaines plus tard, Jenner variolisa le garçon, c'est-à-dire qu'il l'exposa à la variole plutôt qu'à la vaccine. Le garçon ne développa aucune pustule.

Jenner présenta au monde cette nouvelle façon de prévenir la variole dans une brochure qu'il publia en 1798. Il nomma le procédé « vaccination », du nom latin de la vaccine, *Variolae vaccinae*. En trois ans, plus de cent mille personnes furent vaccinées contre la variole en Angleterre, et la vaccination se propagea autour du monde. Plus tard, d'autres scientifiques empruntèrent les techniques de Jenner et inventèrent des vaccins pour d'autres virus. Des rumeurs sur les laitières s'étaient transformées en révolution médicale.

Les vaccins devenant de plus en plus populaires, les médecins eurent du mal à satisfaire la demande. Au début, ils utilisèrent des croûtes prélevées sur les bras de personnes vaccinées pour vacciner de nouveaux patients. Mais puisque la vaccine n'existait qu'en Europe, les habitants d'autres parties du monde n'avaient tout simplement pas accès au vaccin. En 1803, le roi Charles d'Espagne fournit une solution radicale : une expédition de vaccination en Asie et sur le continent américain. Vingt orphelins embarquèrent sur un vaisseau en Espagne. Un des enfants fut vacciné avant que le vaisseau mît les voiles. Après huit jours, il développa des pustules, puis des croûtes. Ces croûtes furent utilisées pour vacciner un autre orphelin, et ainsi de suite, et une chaîne de vaccination se forma. D'escale en escale, l'expédition livra des croûtes pour vacciner les populations locales.

Durant les années 1800, les médecins luttèrent pour trouver une meilleure façon de produire le vaccin contre la variole. Certains transformèrent des veaux en usines à vaccins, en les infectant de façon répétée avec la vaccine. D'autres essayèrent de préserver les croûtes dans des liquides comme le glycérol. Ce n'est que quand les scientifiques se rendirent finalement compte de la nature de la variole – le fait qu'il s'agit d'un virus – qu'ils purent mettre au point un vaccin pouvant être fabriqué à une échelle industrielle et expédié partout dans le monde.

Une fois les vaccins devenus monnaie courante, la variole commença à relâcher sa féroce emprise sur l'humanité. Au début des années 1900, les pays enregistrèrent l'un après l'autre leur dernier cas de variole. En 1959, la variole avait disparu d'Europe, d'Union soviétique et d'Amérique du Nord. Le fléau se maintint dans les pays tropicaux dont le système médical était précaire. Mais il recula tellement que certains responsables des services de santé publique commencèrent à caresser un objectif ambitieux : éliminer totalement la variole de la surface de la planète.

Les partisans de l'éradication de la variole élaborèrent leur stratégie en se basant sur la biologie du virus. La variole n'affecte que les humains, pas les animaux. Si elle pouvait être systématiquement éliminée de toute la population humaine, il n'y aurait plus lieu de s'inquiéter qu'elle soit tapie chez des porcs ou des canards, prête à nous infecter de nouveau. Qui plus est, la variole est une maladie voyante. Contrairement au VIH, qui peut mettre des années à se manifester, le virus de la variole révèle son horrible présence en quelques jours. Les services de santé publique seraient capables d'identifier et de localiser les foyers de contamination avec une grande précision.

Pourtant, l'idée d'éradiquer la variole fut accueillie avec un profond scepticisme. Si tout se passait comme prévu, un projet d'éradication nécessiterait des années de travail ; des milliers de professionnels de la santé devraient parcourir le monde, travaillant dans des régions reculées et dangereuses. Les services de santé publique avaient déjà tenté d'éradiquer d'autres maladies, comme le paludisme. Sans succès.

Les sceptiques perdirent toutefois la partie. En 1965, l'OMS, l'Organisation mondiale de la Santé, lança le « Programme Intensifié d'Éradication de la Variole ». Cet effort d'éradication était différent des campagnes précédentes par de nombreux aspects. Il reposait sur une nouvelle aiguille à l'allure fourchue qui permettait d'administrer le vaccin bien plus facilement qu'avec une seringue classique. Les stocks de vaccins durèrent ainsi plus longtemps qu'avant. Les services de santé publique avaient aussi mis au point de nouvelles stratégies astucieuses pour administrer les vaccins. Vacciner un pays tout entier était un objectif inaccessible. Dans ce projet d'éradication, les services de santé choisirent plutôt d'identifier les foyers d'infection et d'y mener des actions rapides pour les étouffer. Ils mirent les victimes en quarantaine puis vaccinèrent les gens dans les villes et villages alentour. La variole se répandait comme une traînée de poudre, mais sa progression fut rapidement stoppée par la vaccination et elle finit par s'éteindre. Épidémie après épidémie, le virus recula, jusqu'à ce qu'un dernier cas soit enregistré en Éthiopie en 1977. Le monde était désormais libéré de la variole.

Preuve était faite avec la fin de cette campagne qu'il était possible d'éliminer au moins certains agents pathogènes. Dans son sillage, d'autres suivirent. Mais jusqu'à présent, un seul autre virus fut éradiqué avec succès : la peste bovine. Pendant des siècles, la peste bovine avait tourmenté les fermes laitières et les gardiens de troupeaux. Ses fièvres pouvaient tuer un troupeau entier d'un coup brutal. Au cours des années 1900, les vétérinaires menèrent plusieurs campagnes ciblant la peste bovine, mais elles s'avérèrent trop timides et le virus fut capable de rebondir encore et encore.

Dans les années 1980, les experts de la peste bovine repensèrent leur approche et mirent au point une nouvelle campagne qui éliminerait le virus pour de bon. En 1990, les concepteurs du vaccin contre la peste bovine en créèrent un nouveau, plus stable, moins cher, et qui pouvait être acheminé à pied, jusqu'aux tribus nomades les plus reculées. En 1994, l'Organisation des Nations unies pour l'alimentation et l'agriculture (ONUAA, également connue sous l'acronyme anglais FAO) utilisa ce vaccin dans un nouveau programme global d'éradication. Il s'agissait de récolter des informations concernant les vaches malades et de distribuer des vaccins où il y en avait besoin, pour empêcher les animaux malades d'infecter les animaux sains.

Pays après pays, la peste bovine disparut. Mais les guerres interrompaient les campagnes et permettaient au virus de revenir sur des territoires décontaminés. «*La peste bovine est un candidat de choix pour l'éradication. Pourquoi n'est-ce pas arrivé?*» s'interrogea Sir Gordon Scott, un des leaders de la campagne, dans une publication de 1998. «*Le principal obstacle est "l'inhumanité de l'Homme envers l'Homme", conclut-il. La peste bovine prospère dans un milieu de conflits armés et de flux massifs de réfugiés*».

Il s'avéra que Scott avait été bien trop pessimiste. En 2001, seulement trois ans après ses sombres prédictions, les vétérinaires enregistrèrent le dernier cas de peste bovine: un bœuf sauvage, au Kenya. La FAO attendit encore dix ans pour voir si aucun autre animal ne tombait malade. Ce ne fut pas le cas. En 2011, elle annonça l'éradication de la peste bovine.

D'autres campagnes d'éradication sont passées à deux doigts de la victoire, avant de capituler dans les arrêts de jeu. La polio par exemple, était jadis une menace mondiale, qui laissait des millions d'enfants handicapés ou emprisonnés dans des poumons d'acier. Les efforts d'éradication sur de nombreuses années éliminèrent le virus dans de nombreux endroits du globe. En 1988, on dénombrait un millier de nouveaux cas de polio par jour. En 1988, la polio était endémique de 125 pays. En 2014, elle ne l'était plus que de trois pays: l'Afghanistan, le Nigeria et le Pakistan.

Dans ces pays, la polio survécut à l'éradication à cause du chahut de la guerre et de la pauvreté. Et au Pakistan, une nouvelle menace émergea : les insurgés talibans commencèrent à considérer les campagnes de vaccination comme une menace et assassinèrent systématiquement les vaccinateurs. Le Pakistan avait fait reculer la polio de 2500 à 3000 cas par an à 28 en 2005. Mais ce taux augmenta à nouveau par la suite, atteignant 93 en 2013, puis bondissant à 327 en 2014. Cette année-là, la polio fut repérée dans des pays qu'on pensait épargnés, comme la Syrie, Israël, la Somalie et l'Irak, et l'OMS fit de la polio une question urgente de santé publique.

Alors que nous commençons à éradiquer des virus, nous découvrons en même temps leurs nombreuses et agaçantes capacités de résistance. À la fin des années 1900, alors que les travailleurs du programme d'éradication de la variole parcouraient le monde pour éliminer le virus, les scientifiques le cultivaient aussi en laboratoire afin de l'étudier. Quand l'OMS annonça officiellement l'éradication de la variole dans les années 1980, ces stocks furent conservés dans des laboratoires. Il aurait suffi que quelqu'un libère accidentellement le virus pour réduire à néant cette éradication.

L'OMS décida qu'à terme, tous les stocks des laboratoires devraient être détruits. Mais dans l'intervalle, les scientifiques seraient encore autorisés à mener des recherches sur le virus s'ils suivaient ses règles strictes. Les scientifiques qui travaillaient sur la variole durent détruire leurs stocks ou les envoyer à l'un des deux laboratoires habilités, l'un dans la ville sibérienne de Novossibirsk en Union soviétique, l'autre au Centre pour le contrôle et la prévention des maladies d'Atlanta, aux États-Unis. Durant les trois décennies qui suivirent, la recherche sur la variole se poursuivit sous l'œil attentif de l'OMS. Les scientifiques apprirent à concevoir des animaux de laboratoire pouvant être infectés par la variole, ce qui leur permit de mieux comprendre sa biologie. Ils analysèrent son génome, travaillèrent sur de meilleurs vaccins et trouvèrent des médicaments prometteurs pour traiter la variole. Et durant ce temps, l'OMS se demandait quand il lui faudrait détruire le virus une bonne fois pour toutes.

Certains experts pensaient qu'il n'y avait aucune raison d'attendre. Tant que la variole existait – quel que soit le niveau de contrôle –, le risque que le virus s'échappe et tue des millions de personnes demeurait. Des terroristes pourraient même essayer de l'utiliser comme une arme biologique. Pire encore, les gens n'étaient plus vaccinés contre la variole, et le niveau d'immunité de la population faiblissait.

Mais d'autres scientifiques insistèrent pour conserver les stocks de variole. Ils avancèrent le fait que la campagne d'éradication n'avait peut-être pas été un succès total. En 1990, des déserteurs soviétiques révélèrent que leur gouvernement avait monté des labos pour produire une souche de variole qu'ils pourraient utiliser comme arme biologique, en la chargeant dans un missile et en l'envoyant sur des cibles ennemies. Après la chute de l'Union soviétique, ces labos d'armes biologiques furent abandonnés. Personne ne sait ce qu'il advint finalement des virus de variole utilisés pour ces recherches. Il nous reste la possibilité terrifiante que des virologues de l'ex URSS aient vendu ces stocks de variole à d'autres gouvernements ou même à des organisations terroristes.

En 2014, le monde découvrit que nous n'avions pas besoin d'une guerre biologique pour perdre la trace de la variole. Des scientifiques du National Institute of Health du Maryland étaient en train d'empaqueter le contenu d'un labo lorsqu'ils tombèrent sur une demi-douzaine de fioles abandonnées. Celles-ci dataient des années 1950 et contenaient des virus de la variole. Dans la bataille de l'OMS contre la variole, ces fioles avaient été négligées, en dépit du fait qu'elles étaient stockées dans l'un des principaux centres de recherche du monde.

Les opposants à l'éradication de la variole soulignent que le risque d'une nouvelle épidémie, si infime soit-il, justifie la poursuite des recherches sur le virus. Il reste tant de choses que nous ne connaissons pas encore. La variole ne peut infecter qu'une seule espèce – les humains – alors que tous ses proches parents, appelés virus orthopox, peuvent infecter plusieurs espèces. Personne ne sait ce qui rend la variole spéciale. Si une épidémie de variole devait se déclarer dans les années à venir, un diagnostic rapide pourrait sauver un nombre incalculable de vies. Mais les tests actuels sont basés sur une technologie obsolète. Afin de développer des outils de dépistage de pointe, les scientifiques devront être sûrs de pouvoir distinguer la variole d'autres virus orthopox. Seuls des virus de la variole vivants pourront permettre de telles recherches. De même, les scientifiques pourraient se servir des virus pour développer de meilleurs vaccins et médicaments.

Le débat au sujet de la variole ne permit pas de prendre une décision claire et nette ; seul en sortit un accord sur la façon dont le problème devait être traité à l'avenir. Mais alors que le désaccord persistait, les avancées technologiques changèrent les termes mêmes du débat.

Dans les années 1970, les scientifiques développèrent les premières méthodes pour séquencer le matériel génétique d'organismes. L'ADN est une paire de brins, constitués d'unités appelées *bases*, alors que l'ARN est un simple brin. Il y a quatre sortes différentes de bases, qui jouent le rôle d'un alphabet à quatre lettres. Tout l'ADN contenu dans une cellule humaine – le génome humain – représente 3,2 milliards de paires de bases. Si vous imprimiez une lettre pour chaque base du génome, vous rempliriez un livre mille fois plus long que *Guerre et Paix*. Puisque les premières méthodes de séquençage de l'ADN étaient si lentes et peu fiables, les scientifiques commencèrent par séquencer les plus petits génomes connus sur Terre : ceux des virus. En 1976, ils publièrent le génome d'un bactériophage appelé MS2, constitué de 3 569 bases seulement.

Dans les années suivantes, les scientifiques publièrent les génomes d'autres virus, dont celui de la variole, en 1993. En comparant son génome à ceux d'autres virus, ils obtinrent des indices sur le fonctionnement de ses protéines. Les chercheurs continuèrent de séquencer les génomes de souches de variole provenant d'autres régions du monde, découvrant qu'il y avait peu de variations entre elles. Cela constituait un indice important pour les chercheurs en train de se préparer à lutter contre les futures épidémies.

L'invention de la technologie de séquençage du génome ouvrit la voie à une autre avancée majeure : les scientifiques commencèrent à assembler des bases pour synthétiser de tout nouveaux gènes. Ils débutèrent avec de petits brins de matériel génétique. Même à ce stade précoce, Eckerd Wimmer, un virologue de l'université Stony Brook, se rendit compte que les génomes de virus étaient suffisamment petits pour être entièrement synthétisés. En 2002, ses collègues et lui utilisèrent le génome du poliovirus comme guide pour fabriquer des milliers de petits fragments d'ADN. Ils se servirent ensuite d'enzymes pour assembler les fragments, et utilisèrent la molécule d'ADN obtenue comme un modèle pour créer la molécule d'ARN correspondante : c'est-à-dire une copie physique de l'intégralité du génome du poliovirus.

Quand Wimmer et ses collègues ajoutèrent l'ARN dans des éprouvettes remplies de bases et d'enzymes, des poliovirus vivants s'assemblèrent spontanément. Ils avaient, en d'autres termes, fabriqué la polio à partir de rien.

La variole est un gros virus – à peu près 25 fois plus gros que le poliovirus – et sa taille constituerait un énorme défi pour le scientifique qui tenterait de le fabriquer à partir de zéro. Mais il est possible qu'un gros laboratoire expérimenté y parvienne si on lui en laisse le temps. Il n'y a aucune preuve que quelqu'un a tenté de ressusciter la variole en utilisant l'approche de Wimmer. Mais, là encore, rien n'indique que ce serait impossible. Après 3 500 ans de souffrance et d'interrogations, nous sommes finalement parvenus à comprendre la variole et à mettre un terme à sa folie destructrice. Toutefois, en cherchant à comprendre la menace qu'elle fait peser sur l'humanité, nous avons contribué à ce qu'elle ne puisse plus être éradiquée. Grâce aux progrès de nos connaissances sur les virus, la variole est devenue immortelle.

ÉPILOGUE

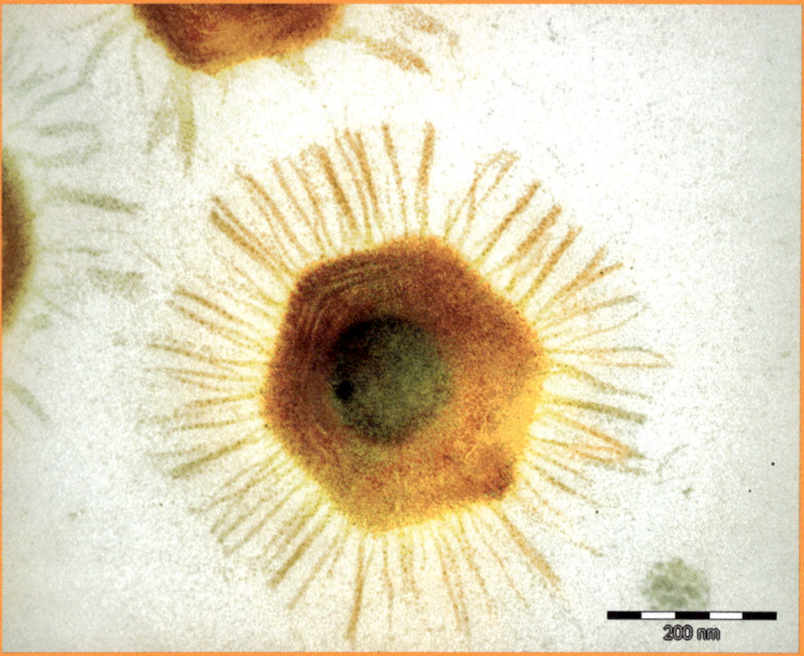

Mimivirus, l'un des plus grands virus connus.

Un intrus dans le système de climatisation

Les virus géants et la définition de la vie

Sur Terre, partout où se trouve de l'eau se trouve la vie. Cela peut être celle d'un geyser dans le parc Yellowstone, un bassin de la grotte des Cristaux, ou une tour de refroidissement sur le toit d'un hôpital.

En 1992, un microbiologiste du nom de Timothy Rowbotham préleva de l'eau dans une tour de refroidissement de l'hôpital de Bradford en Angleterre. Il la regarda au microscope et y observa un tourbillon de vie. Il vit des amibes et d'autres protozoaires unicellulaires, à peu près de la taille d'une cellule humaine. Il vit des bactéries, environ cent fois plus petites. Rowbotham recherchait la cause d'une flambée de pneumonie qui sévissait à Bradford. Dans les rangs des microbes qu'il trouva dans la tour de refroidissement, il pensa avoir déniché un candidat idéal : une sphère de la taille d'une bactérie, installée dans une amibe. Rowbotham crut avoir découvert une nouvelle bactérie, qu'il nomma *Bradfordcoccus*.

Rowbotham passa des années à essayer de comprendre si *Bradfordcoccus* était responsable de la vague de pneumonies. Il essaya d'identifier ses gènes en cherchant des correspondances chez d'autres espèces de bactéries. Mais il ne les trouva nulle part. Quand des coupes budgétaires le forcèrent à fermer son labo, en 1998, Rowbotham était dans une impasse. Ne souhaitant pas détruire son inexplicable *Bradfordcoccus*, il s'arrangea pour que des collègues français conservent ses échantillons.

Pendant des années, *Bradfordcoccus* patienta dans l'obscurité, jusqu'à ce que Bernard La Scola, de l'université de la Méditerranée, décidât d'y jeter un œil. Dès qu'il plaça les échantillons de Rowbotham sous un microscope, il se rendit compte que quelque chose n'allait pas.

Bradfordcoccus n'avait pas la surface lisse des bactéries sphériques. Il ressemblait davantage à un ballon de football, fait de petites plaques emboîtées les unes dans les autres. Et La Scola pouvait y observer des filaments de protéines, comme des poils, rayonnant autour de cette structure géométrique. Les seuls organismes connus pour avoir ce genre de coques filamenteuses étaient les virus. Mais, comme tous les microbiologistes de l'époque, La Scola savait que *Bradfordcoccus* était cent fois trop gros pour être un virus.

Et pourtant. C'est exactement ce que *Bradfordcoccus* s'avéra finalement être : un virus. Quand La Scola et ses collègues l'examinèrent plus en détail, ils découvrirent qu'il se reproduisait en envahissant des amibes et en les forçant à créer de nouvelles copies de lui-même. Seuls les virus se reproduisent de cette manière. La Scola et ses collègues rebaptisèrent *Bradfordcoccus* pour mieux refléter sa nature virale. Ils le nommèrent mimivirus, en honneur à sa capacité à imiter les bactéries (imiter se dit *mimic* en anglais).

Les scientifiques français entreprirent d'analyser les gènes du mimivirus. Rowbotham avait essayé de trouver des correspondances avec des gènes de bactéries, et avait échoué. Les scientifiques français eurent plus de chance. Il s'avéra que le mimivirus avait des gènes de virus et qu'il en avait beaucoup. Avant la découverte du mimivirus, les scientifiques s'étaient habitués à ne trouver que quelques gènes dans un virus. Mais les mimivirus en comptent 1 018. C'était comme si quelqu'un avait pris les génomes de la grippe, du rhume, de la variole et d'une centaine d'autres virus, et les avait tous fourrés à l'intérieur d'une coque protéique. Mimivirus avait même plus de gènes que certaines espèces de bactéries. Aussi bien par sa taille que par ses gènes, il violait les règles fondamentales des virus.

La Scola et ses collègues publièrent les détails de leur étonnant mimivirus en 2003. Ils se demandèrent s'il était unique ou s'il y avait d'autres virus géants cachés. Ils prélevèrent de l'eau dans des tours de refroidissement en France et y ajoutèrent des amibes, pour voir si quelque chose dans l'eau les infecterait. Ils virent rapidement les amibes exploser en libérant des virus géants. Il ne s'agissait pas de mimivirus, cependant. C'était une autre espèce qui comptait 1 059 gènes et établissait un nouveau record de la plus grande taille de génome pour un virus. Le nouveau virus ressemblait beaucoup au mimivirus, mais son génome était fondamentalement différent. Quand les scientifiques comparèrent les gènes du nouveau virus aux gènes du mimivirus, ils trouvèrent 833 correspondances. Les 226 autres gènes étaient uniques. Les scientifiques décidèrent que leur nouveau virus géant avait besoin d'un nom. Ils l'appelèrent mamavirus.

D'autres chercheurs se joignirent à la chasse aux virus géants. Ils ne tardèrent pas à en trouver partout : dans les rivières et les océans ou dans des lacs enfouis sous la glace de l'Antarctique. En 2014, des chercheurs français firent fondre des morceaux de permafrost sibérien gelé depuis 30 000 ans. Ils y découvrirent des virus géants. Avec une longueur de 1,5 micromètre, il s'agissait des plus grands virus jamais découverts.

Les scientifiques ont même commencé à découvrir des virus géants cachés chez des animaux. La Scola et ses collègues collaborèrent avec des scientifiques brésiliens pour étudier des échantillons de sérum prélevés sur des mammifères. Ils trouvèrent des anticorps anti-virus géants chez des singes et des vaches. Les chercheurs isolèrent même des virus géants chez des gens, dont un patient atteint de pneumonie. Cependant, on ne sait pas encore très bien quel rôle les virus géants jouent dans notre santé. Peut-être sont-ils capables d'infecter nos cellules. Ou peut-être guettent-ils, inoffensifs pour nous, les amibes qui envahiront notre corps.

L'histoire des virus géants nous fait bien comprendre à quel point nous avons encore peu exploré la virosphère. Elle apporte de nouveaux éléments dans l'interminable débat commencé il y a plus d'un siècle avec la découverte des virus : que signifie « être vivant » ?

Avant que les scientifiques ne découvrent les virus, ils partageaient généralement une définition de la vie. Les organismes vivants utilisent leur métabolisme pour survivre, croître et se reproduire. D'autres états de la matière, comme les nuages ou les cristaux, pouvaient sembler vivants d'une manière ou d'une autre, mais ils étaient dans l'ensemble loin de respecter tous les critères du vivant.

Quand Wendell Stanley produisit des cristaux de virus de la mosaïque du tabac en 1935, il perturba cette frontière nette entre vivant et non-vivant. En tant que cristal, son virus se comportait comme de la glace ou des diamants. Mais quand on lui fournissait un plant de tabac, il se reproduisait comme n'importe quel être vivant.

Plus tard, quand la biologie moléculaire des virus permit d'y voir plus clair, de nombreux scientifiques jugèrent qu'ils ne faisaient que ressembler au vivant mais n'en faisaient pas vraiment partie. Tous les virus que les scientifiques étudiaient ne portaient que quelques gènes chacun, laissant un gouffre génétique les séparer des bactéries. Les quelques gènes que possédaient les virus leur permettaient d'exécuter le minimum requis pour fabriquer de nouveaux virus : envahir une cellule ; introduire leurs gènes dans sa machinerie biochimique. Leur manquaient tous les gènes permettant de vivre pleinement. Les scientifiques ne trouvèrent par exemple aucune instruction pour créer un ribosome, l'usine moléculaire qui transforme l'ARN en protéines. Les virus n'avaient pas non plus de gènes pour produire les enzymes qui décomposent les aliments et permettent la croissance. En d'autres termes, il semblait manquer aux virus beaucoup de l'information génétique nécessaire pour être vraiment vivants.

Ceci dit, rien n'empêche en théorie un virus d'acquérir cette information et de devenir véritablement vivant. Après tout, les virus ne sont pas gravés dans le marbre. Une mutation pourrait accidentellement dupliquer certains de leurs gènes, créant de nouvelles copies qui pourraient remplir de nouvelles fonctions. Un virus pourrait aussi absorber accidentellement les gènes d'un autre virus, voire d'une cellule hôte. Son génome pourrait se développer jusqu'à ce qu'il puisse se nourrir, croître, et se reproduire de manière autonome.

Si l'évolution des virus vers la vie, à leur manière, restait plausible, les scientifiques voyaient un obstacle majeur se dresser sur leur route. Les organismes à gros génome ont besoin d'une manière de le copier fidèlement. Plus le génome est grand et plus les risques de subir une mutation dangereuse augmentent. Nous protégeons nos génomes géants de ce risque en produisant des enzymes correctrices d'erreurs, comme le font d'autres animaux, plantes, champignons, protozoaires et bactéries. Les virus, quant à eux, n'ont pas d'enzymes de réparation. Le résultat, c'est qu'ils font des erreurs de copie à un taux considérablement plus élevé que nous – dans certains cas, jusqu'à mille fois plus élevé.

Ce taux élevé de mutations génétiques constituait peut-être une limite pour les virus, les empêchant ainsi de devenir véritablement vivants. Si le génome d'un virus devient plus grand, il a plus chances de subir une mutation fatale. La sélection naturelle pourrait ainsi favoriser les virus au génome minuscule. Si cela est vrai, leur génome pourrait être incapable de faire de la place pour des gènes qui leur permettraient de transformer des ingrédients bruts en gènes et protéines. Non, ils ne peuvent pas croître. Non, ils ne peuvent pas expulser les déchets. Non, ils ne peuvent pas se défendre contre le chaud et le froid. Non, ils ne peuvent pas se reproduire en se divisant en deux.

Avec tous ces « non », on aboutissait à une impossibilité majeure : NON, les virus n'étaient pas vivants.

« *Un organisme est constitué de cellules* », déclara le microbiologiste André Lwoff dans son discours de réception du prix Nobel en 1967. N'étant pas des cellules, les virus furent considérés comme à peine plus que des déchets génétiques qui, par hasard, avaient la bonne combinaison chimique pour se reproduire dans des cellules. En 2000, le Comité international de taxonomie des virus rendit ce jugement officiel, déclarant catégoriquement : « *Les virus ne sont pas des organismes vivants* ».

Mais cette affirmation fut remise en question par de nombreux virologues dans les années qui suivirent et certains la rejetèrent sans détour. À la lumière des nouvelles découvertes, les anciennes règles ne fonctionnaient plus très bien. Par exemple, si les virus géants avaient été si longtemps ignorés, c'était en partie parce qu'ils étaient cent fois plus gros qu'ils étaient supposés être. Ils avaient également bien trop de gènes pour correspondre à la définition démodée du virus. Les scientifiques ne savent pas ce que les virus géants font de tous leurs gènes, mais certains les soupçonnent de s'en servir pour accomplir des choses qui ressembleraient assez à la vie. Certains gènes de virus géants codent pour des enzymes qui peuvent réparer l'ADN. Ils peuvent utiliser ces enzymes pour réparer tous les dégâts occasionnés par le passage d'une cellule hôte à l'autre. Et quand des virus géants envahissent des amibes, ils ne se diluent pas en un nuage de molécules. Au lieu de cela, ils mettent en place une structure complexe et massive, appelée usine virale. Les ingrédients bruts entrent par une porte de l'usine à virus, qui recrache un nouvel ADN et de nouvelles protéines par deux autres portes. Les virus géants peuvent utiliser leurs gènes viraux pour mener à bien au moins une partie de ces activités biochimiques.

En d'autres termes, l'usine à virus des virus géants ressemble à – et se comporte comme – une cellule. En fait, elle ressemble tellement à une cellule que La Scola et ses collègues découvrirent en 2008 qu'elle peut elle-même être infectée par un virus. Ce nouveau type de virus, qu'ils nommèrent virophage, se glisse dans l'usine virale et la dupe, la forçant à créer des virophages plutôt que des virus géants.

Tracer des frontières dans la nature peut avoir une certaine utilité scientifique, mais quand il s'agit de comprendre la vie elle-même, ces délimitations finissent par devenir des barrières artificielles. Plutôt que chercher à comprendre pourquoi les virus ne sont pas comme le reste du vivant, il pourrait être plus utile de se demander comment les virus et les autres organismes forment un continuum. Nous, humains, sommes un mélange inextricable de mammifère et de virus. Retirez nous nos gènes issus de virus et nous mourrons *in utero*. Il est aussi vraisemblable que nous dépendons de notre ADN viral pour nous défendre contre des infections. Une partie de l'oxygène que nous respirons est produit par l'interaction des virus et bactéries qui se mélangent dans l'océan. Ce mélange n'est pas figé, mais en perpétuel changement. Les océans sont une matrice vivante de gènes, faisant la navette entre les virus et leurs hôtes.

S'il est évident que les virus géants comblent la brèche entre les virus ordinaires et la vie cellulaire, comprendre comment ils ont atteint cette position ambiguë l'est nettement moins. Certains chercheurs pensent qu'ils ont débuté comme des virus ordinaires qui auraient volé à leurs hôtes des gènes supplémentaires. D'autres pensent au contraire que les virus géants seraient apparus tôt dans l'histoire de la vie, en tant que cellules vivantes indépendantes, et qu'elles seraient devenues comme des virus au fil des milliards d'années.

Tracer une ligne franche entre le vivant et le non-vivant ne rend pas seulement la compréhension des virus plus difficile. Cela brouille aussi la compréhension des débuts de la vie. Les scientifiques essaient encore de comprendre les origines du vivant, mais une chose est sûre : il n'a pas suffi d'appuyer sur un grand interrupteur cosmique pour qu'elle débute subitement. Sur la jeune Terre, la vie a probablement commencé petit à petit, quand des ingrédients bruts comme des sucres et des phosphates se sont combinés en réactions de plus en plus complexes. Il est possible, par exemple, que des molécules d'ARN à simple brin se soient développées peu à peu, devenant capables de faire des copies d'elles-mêmes. Chercher à identifier l'instant exact où cette forme d'ARN serait devenue « vivante » nous détourne et nous distrait de la transition progressive vers la vie telle que nous la connaissons.

Dans ce monde de l'ARN, la vie était peut-être faite de coalitions éphémères de gènes, parfois prospères, parfois amoindries par des gènes parasites. Certains de ces parasites primordiaux ont peut-être évolué en virus, qui ont poursuivi leur réplication jusqu'à ce jour. L'idée du virologue français Patrick Forterre est que, dans un monde à ARN, les virus ont peut-être « inventé » la molécule d'ADN à double brin pour protéger leurs gènes des attaques. Leurs hôtes auraient finalement pris le contrôle de cet ADN à double brin, qui a ensuite conquis la planète. En d'autres termes, la vie telle que nous la connaissons pourrait avoir eu besoin des virus pour apparaître.

En définitive, nous voici peut-être revenus au double sens initial du mot virus, qui, à l'origine, désignait soit une substance qui donne la vie, soit un venin mortel. Les virus sont en effet extraordinairement mortels, mais ils ont fourni au monde certaines de ses innovations les plus importantes. La création et la destruction réunies, une fois encore.

Références bibliographiques

« Un fluide vivant contagieux » *(p. 13-19)*

Bos, L. 1999. Beijerinck's work on tobacco mosaic virus: Historical context and legacy. *Philosophical Transactions of the Royal Society B: Biological Sciences* 354:675.

Flint, S. J. 2009. *Principles of Virology.* 3rd ed. Washington, DC: ASM Press.

Kay, L. E. 1986. W. M. Stanley's crystallization of the tobacco mosaic virus, 1930-1940. *Isis* 77:450-72.

Willner D., M. Furlan, M. Haynes, *et al.* 2009. Metagenomic analysis of respiratory tract DNA viral communities in cystic fibrosis and non-cystic fibrosis individuals. *PLoS ONE 4* (10):e7370.

Un rhume pas si banal *(p. 23-27)*

Arden, K. E., and I. M. **Mackay**. 2009. Human rhinoviruses: Coming in from the cold. *Genome Medicine* 1:44.

Briese, T., N. Renwick, M. Venter, *et al.* 2008. Global distribution of novel rhinovirus genotype. *Emerging Infectious Diseases* 14:944.

Fashner, J., K. Ericson, and S. Werner. 2012. Treatment of the common cold in children and adults. *American Family Physician* 86:153-59.

Palmenberg, A. C., D. Spiro, R. Kuzmickas, *et al.* 2009. Sequencing and analyses of all known human rhinovirus genomes reveal structure and evolution. *Science* 324:55-59.

Vu des étoiles *(p. 29-33)*

Barry, J. M. 2004. *The Great Influenza: The Epic Story of the Deadliest Plague in History.* New York: Viking.

Dugan, V. G., R. Chen, D. J. Spiro, *et al.* 2008. The evolutionary genetics and emergence of avian influenza viruses in wild birds. *PLoS Pathogens 4* (5):e1000076.

Rambaut, A., O. G. Pybus, M. I. Nelson, C. Viboud, J. K. Taubenberger, and E. C. Holmes. 2008. The genomic and epidemiological dynamics of human influenza A virus. *Nature* 453:615-19.

SMITH, G. J. D., D. VIJAYKRISHNA, J. BAHL, *et al.* 2009. Origins and evolutionary genomics of the 2009 swine-origin H1N1 influenza A epidemic. *Nature* 459:1122-25.

TAUBENBERGER, J. K., and D. M. MORENS. 2008. The pathology of influenza virus infections. *Annual Reviews of Pathology* 3:499-522.

Des lapins à cornes *(p. 35-42)*

BRAVO, I. G., and Á. ALONSO. 2006. Phylogeny and evolution of papillomaviruses based on the E1 and E2 proteins. *Virus Genes* 34:249-62.

DOORBAR, J. 2006. Molecular biology of human papillomavirus infection and cervical cancer. *Clinical Science* 110:525.

GARCÍA-VALLVÉ, S., Á. ALONSO, and I. G. BRAVO. 2005. Papillomaviruses: Different genes have different histories. *Trends in Microbiology* 13:514-21.

GARCÍA-VALLVÉ, S., J. R. IGLESIAS-ROZAS, Á. ALONSO, and I. G. BRAVO. 2006. Different papillomaviruses have different repertoires of transcription factor binding sites: Convergence and divergence in the upstream regulatory region. *BMC Evolutionary Biology* 6:20.

HORVATH, C. A. J., G. A. V. BOULET, V. M. RENOUX, P. O. DELVENNE, and J.-P. J. BOGERS. 2010. Mechanisms of cell entry by human papillomaviruses: An overview. *Virology Journal* 7:11.

MARTIN, D., and J. S. GUTKIND. 2008. Human tumor-associated viruses and new insights into the molecular mechanisms of cancer. *Oncogene* 27 (Suppl 2):S31-42.

ORLANDO, P. A., R. A. GATENBY, A. R. GIULIANO, and J. S. BROWN. 2012. Evolutionary ecology of human papillomavirus: trade-offs, coexistence, and origins of high-risk and low-risk types. *Journal of Infectious Diseases* 205:272-79.

SCHIFFMAN, M., R. HERRERO, R. DESALLE, *et al.* 2005. The carcinogenicity of human papillomavirus types reflects viral evolution. *Virology* 337:76-84.

SHULZHENKO, N., H. LYNG, G. F. SANSON, and A. MORGUN. 2014. Ménage à trois: An evolutionary interplay between human papillomavirus, a tumor, and a woman. *Trends in Microbiology* 22:345-53.

L'ennemi de notre ennemi *(p. 45-51)*

ADHYA, S., C. R. MERRIL, and B. BISWAS. 2014. Therapeutic and prophylactic applications of bacteriophage components in modern medicine. *Cold Spring Harbor Perspectives in Medicine* 4:a012518.

BRUSSOW, H. 2005. Phage therapy: The Escherichia coli experience. *Microbiology* 151:2133.

DERESINSKI, S. 2009. Bacteriophage therapy: Exploiting smaller fleas. *Clinical Infectious Diseases* 48:1096-101.

SUMMERS, W. C. 2001. Bacteriophage therapy. *Annual Reviews in Microbiology* 55:437-51.

L'océan contaminé *(p. 53-57)*

Angly, F. E., B. Felts, M. Breitbart, *et al.* 2006. The marine viromes of four oceanic regions. *PLoS Biology* 4 (11) :e368.

Breitbart, M. 2012. Marine viruses: Truth or dare. *Annual Review of Marine Sciences* 4 :425-48.

Brussaard, C. P. D., S. W. Wilhelm, F. Thingstad, *et al.* 2008. Global-scale processes with a nanoscale drive: The role of marine viruses. *ISME Journal* 2 :575-78.

Danovaro, R., A. Dell'Anno, C. Corinaldesi, *et al.* 2008. Major viral impact on the functioning of benthic deep-sea ecosystems. *Nature* 454 :1084-87.

Desnues, C., B. Rodriguez-Brito, S. Rayhawk, *et al.* 2008. Biodiversity and biogeography of phages in modern stromatolites and thrombolites. *Nature* 452 :340-43.

Keen, E.C. 2015. A century of phage research: Bacteriophages and the shaping of modern biology. *Bioessays* 37 :6-9.

Rohwer, F., and R. Vega Thurber. 2009. Viruses manipulate the marine environment. *Nature* 459 :207-12.

Rohwer, F., M. Youle, H. Maughan, and N. Hisakawa. 2015. *Life in Our Phage World.* San Diego: Wholon.

Suttle, C. A. 2007. Marine viruses–major players in the global ecosystem. *Nature Reviews Microbiology* 5 :801-12.

Van Etten, J. L., L. C. Lane, and R. H. Meints. 1991. Viruses and viruslike particles of eukaryotic algae. *Microbiology and Molecular Biology Reviews* 55:586.

Nos parasites intimes *(p. 59-64)*

Blikstad, V., F. Benachenhou, G. O. Sperber, and J. Blomberg. 2008. Evolution of human endogenous retroviral sequences: A conceptual account. *Cellular and Molecular Life Sciences* 65 :3348-65.

Dewannieux, M., F. Harper, A. Richaud, *et al.* 2006. Identification of an infectious progenitor for the multiple-copy HERV-K human endogenous retroelements. *Genome Research* 16 :1548-56.

Jern, P., and J. M. Coffin. 2008. Effects of retroviruses on host genome function. *Annual Review of Genetics* 42 :709-32.

Lavialle, C., G. Cornelis, A. Dupressoir, *et al.* 2013. Paleovirology of "syncytins," retroviral env genes exapted for a role in placentation. *Philosophical Transactions of the Royal Society B: Biological Sciences* 368 :20120507.

Lee, A., A. Nolan, J. Watson, and M. Tristem. 2013. Identification of an ancient endogenous retrovirus, predating the divergence of the placental mammals. *Philosophical Transactions of the Royal Society B: Biological Sciences* 368 :20120503.

Ruprecht, K., J. Mayer, M. Sauter, K. Roemer, and N. Mueller-Lantzsch. 2008. Endogenous retroviruses and cancer. *Cellular and Molecular Life Sciences* 65 :3366-82.

Tarlinton, R., J. Meers, and P. Young. 2008. Biology and evolution of the endogenous koala retrovirus. *Cellular and Molecular Life Sciences* 65:3413-21.

Weiss, R. A. 2006. The discovery of endogenous retroviruses. *Retrovirology* 3:67.

Weiss, R. A. 2013. On the concept and elucidation of endogenous retroviruses. *Philosophical Transactions of the Royal Society B: Biological Sciences* 368:20120494.

Le jeune fléau *(p. 67-75)*

D'Arca, M., A. Ayoubaa, A. Estebana, *et al.* 2015. Origin of the HIV-1 group O epidemic in western lowland gorillas. *Proceedings of the National Academy of Sciences* Published ahead of print, March 2, 2015. doi:10.1073/pnas.1502022112.

Fan, H. 2011. *AIDS: Science and Society.* 6th ed. Sudbury, MA: Jones and Bartlett.

Faria, N. R., A. Rambaut, M. A. Suchard, *et al.* 2014. The early spread and epidemic ignition of HIV-1 in human populations. *Science* 346:56–61.

Fauci, A. S., and H. D. Marston. 2014. Ending AIDS – is an HIV vaccine necessary? *New England Journal of Medicine* 370:495-98.

Gilbert, M. T. P., A. Rambaut, G. Wlasiuk, T. J. Spira, A. E. Pitchenik, and M. Worobey. 2007. The emergence of HIV/AIDS in the Americas and beyond. *Proceedings of the National Academy of Sciences* 104:18566.

Keele, B. F. 2006. Chimpanzee reservoirs of pandemic and nonpandemic HIV-1. *Science* 313:523-26.

Montagnier, L. 2010. 25 Years after HIV discovery: Prospects for cure and vaccine. *Virology* 397:248-54.

Worobey, M., M. Gemmel, D. E. Teuwen, *et al.* 2008. Direct evidence of extensive diversity of HIV-1 in Kinshasa by 1960. *Nature* 455:661-64.

La conquête de l'Ouest *(p. 77-83)*

Brault, A. C. 2009. Changing patterns of West Nile virus transmission: Altered vector competence and host susceptibility. *Veterinary Research* 40:43.

Diamond, M. S. 2009. Progress on the development of therapeutics against West Nile virus. *Antiviral Research* 83:214-27.

Gould, E. A., and S. Higgs. 2009. Impact of climate change and other factors on emerging arbovirus diseases. *Transactions of the Royal Society of Tropical Medicine and Hygiene* 103:109-21.

Hamer, G. L, U. D. Kitron, T. L. Goldberg, *et al.* 2009. Host selection by Culex pipiens mosquitoes and West Nile virus amplification. *American Journal of Tropical Medicine and Hygiene* 80:268.

Sfakianos, J. N. 2009. *West Nile Virus.* 2nd ed. New York: Chelsea House.

Venkatesan M., and J. L. Rasgon. 2010. Population genetic data suggest a role for mosquito-mediated dispersal of West Nile virus across the western United States. *Molecular Ecology* 19:1573–84.

Prévoir le prochain fléau *(p. 85-93)*

Holmes, E. C., and A. Rambaut. 2004. Viral evolution and the emergence of SARS coronavirus. *Philosophical Transactions of the Royal Society B: Biological Sciences* 359:1059-65.

Parrish, C. R., E. C. Holmes, D. M. Morens, *et al.* 2008. Cross-species virus transmission and the emergence of new epidemic diseases. *Microbiology and Molecular Biology Reviews* 72:457-70.

Pigott, D. M., N. Golding, A. Mylne, *et al.* 2014. Mapping the zoonotic niche of Ebola virus disease in Africa. *Elife* 3:e04395.

Piot, P. 2013. *No Time to Lose: A Life in Pursuit of Deadly Viruses.* New York: W. W. Norton.

Quammen, D. 2012. *Spillover: Animal Infections and the Next Human Pandemic.* New York: W. W. Norton.

Raj, V. S., A. D. Osterhaus, R. A. Fouchier, and B. L. Haagmans. 2014. MERS: Emergence of a novel human coronavirus. Current Opinion in Virology 5 :58-62.

Sack, K., S. Fink, P. Belluck, and A. Nossiter. 2014. Ebola's deadline escape. *New York Times*, December 30, 2014, D1.

Skowronski, D. M., C. Astell, R. C. Brunham, *et al.* 2005. Severe acute respiratory syndrome (SARS): A year in review. *Annual Review of Medicine* 56:357-81.

WHO Ebola Response Team. 2014. Ebola virus disease in West Africa–the first 9 months of the epidemic and forward projections. *New England Journal of Medicine* 371:1481-95.

Wolfe, N. 2009. Preventing the next pandemic. *Scientific American*, April 2009, 76–81.

L'interminable adieu *(p. 95-104)*

Damon, I. K., C. R. Damaso, and G. McFadden. 2014. Are we there yet? The smallpox research agenda using variola virus. *PLoS Pathogens* 10:e1004108.

Dormitzer, P. R., P. Suphaphiphat, D. G. Gibson, *et al.* 2013. Synthetic generation of influenza vaccine viruses for rapid response to pandemics. *Science Translational Medicine* 5:185ra68.

Hughes, A. L., S. Irausquin, and R. Friedman. 2010. The evolutionary biology of poxviruses. *Infection, Genetics and Evolution* 10:50–59.

Jacobs, B. L., J. O. Langland, K. V. Kibler, *et al.* 2009. Vaccinia virus vaccines: Past, present and future. *Antiviral Research* 84:1–13.

Kennedy, R. B., I. Ovsyannikova, and G. A. Poland. 2009. Smallpox vaccines for biodefense. *Vaccine* 27 (Suppl):D73-79.

Koplow, D. A. 2003. *Smallpox: The Fight to Eradicate a Global Scourge.* Berkeley: University of California Press.

Kosuri, S., and G. M. Church. 2014. Large-scale de novo DNA synthesis: Technologies and applications. *Nature Methods* 11:499-507.

Mariner, J. C., J. A. House, C. A. Mebus, *et al.* 2012. Rinderpest eradication: Appropriate technology and social innovations. *Science* 337:1309-12.

Reardon, S. 2014. "Forgotten" NIH smallpox virus languishes on death row. *Nature* 514:544.

Shchelkunov, S. N. 2009. How long ago did smallpox virus emerge? *Archives of Virology* 154:1865-71.

Wimmer, E. 2006. The test-tube synthesis of a chemical called poliovirus. *EMBO Reports* 7:S3-9.

Un intrus dans le système de climatisation *(p. 107-113)*

Abrahão, J. S., F. P. Dornas, L. C. F. Silva, *et al.* 2014. Acanthamoeba polyphaga mimivirus and other giant viruses: an open field to outstanding discoveries. *Virology Journal* 11:120.

Claverie, J. M., and C. Abergel. 2013. Open questions about giant viruses. *Advances in Virus Research* 85:25-56.

Forterre, P. 2010. *Defining life: The virus viewpoint. Origins of Life and Evolution of Biospheres* 40:151-60.

Forterre, P., M. Krupovic, and D. Prangishvili. 2014. Cellular domains and viral lineages. *Trends in Microbiology* 22:554-58.

Katzourakis, A., and A. Aswad. 2014. The origins of giant viruses, virophages and their relatives in host genomes. *BMC Biology* 12:51.

Koonin, E. V., and V. V. Dolja. 2014. Virus world as an evolutionary network of viruses and capsidless selfish elements. *Microbiology and Molecular Biology Reviews* 78:278-303.

Moreira, D., and C. Brochier-Armanet. 2008. Giant viruses, giant chimeras: The multiple evolutionary histories of mimivirus genes. *BMC Evolutionary Biology* 8:12.

Moreira, D., and P. Lopez-Garcia. 2009. Ten reasons to exclude viruses from the tree of life. *Nature Reviews Microbiology* 7:306-11.

Ogata, H., and J. M. Claverie. 2008. How to infect a mimivirus. *Science* 321:1305.

Raoult, D., and P. Forterre. 2008. Redefining viruses: Lessons from mimivirus. *Nature Reviews Microbiology* 6:315-19.

Raoult, D., B. La Scola, and R. Birtles. 2007. The discovery and characterization of mimivirus, the largest known virus and putative pneumonia agent. *Clinical Infectious Diseases* 45:95-102.

Index

Table des matières

Crédits

Couverture : virus © Michael Taylor 3D (Turbosquid, Inc.) et Terre © Nasa.

p. 12 : © Dennis Kunkel Microscopy, Inc.

p. 22 : © 2010 Photo Researchers, Inc. (tous droits réservés).

p. 28 : Frederick Murphy, du PHIL, avec la permission du CDC.

p. 34 : © 2010 Photo Researchers, Inc. (Tous droits réservés).

p. 44 : © Avec la permission de Graham Beards.

p. 52 : © Avec la permission de Willie Wilson.

p. 58 : © Avec la permission des Drs Venugopal Nair et Pippa Hawes, Bioimaging group, Institute for Animal Health.

p. 66 : © P. Goldsmith, E. L. Feorino, E. L. Palmer, et W. R. McManus, du PHIL, avec la permission du CDC.

p. 76 : © P. E. Rollin, du PHIL, avec la permission du CDC.

p. 84 : © Cynthia Goldsmith, du PHIL, avec la permission du CDC.

p. 94 : © Frederick Murphy, du PHIL, avec la permission du CDC.

p. 106 : © Avec la permission du Dr Didier Raoult, Unité de recherche sur les maladies infectieuses et tropicales.

IMPRIM'VERT®

Imprimé en France par Chirat – 42540 Saint-Just-la-Pendue
N° d'imprimeur : 201602.0074 - Dépôt légal : mars 2016
N° d'édition : 70119767-01